杂粮与科学的美味邂逅

沈 群 主编

U0218880

中国农业大学出版社

·北京·

内 容 简 介

我国享有"饮食王国"之美誉。从古至今,我国劳动人民充分发挥了自己的聪明才智,在粗粮细作方面表现出了极大的创造力,创作出许多杂粮美食。为了让广大的科技工作者了解杂粮的研究进展,并开发出更多的杂粮食品,也为了让消费者了解杂粮食品的制作方法,能够在家中自己制作杂粮美食,本书以 10 种杂粮(小米、荞麦、燕麦、薏米、高粱、青稞、绿豆、芸豆、豌豆、红豆)为主题,介绍杂粮的起源及产地,杂粮的主要营养、功能的研究进展以及工业化的杂粮食品,特别是在收集整理了大量的我国地方特色杂粮食品和部分国外杂粮食品的民间制作方法、美食的传说的基础上,配以精美的插图以飨读者。

图书在版编目(CIP)数据

杂粮与科学的美味邂逅 / 沈群主编. -- 北京:中国农业大学出版社,2022.4

ISBN 978-7-5655-2752-4

Ⅰ.①杂… Ⅱ.①沈… Ⅲ.①杂粮-介绍②杂粮-食谱 Ⅳ.①TS210.7②TS972.13

中国版本图书馆 CIP 数据核字(2022)第 050272 号

书　　名	杂粮与科学的美味邂逅			
作　　者	沈　群　主编			
策划编辑	童　云　张　玉		责任编辑　张　玉	
封面设计	郑　川			
出版发行	中国农业大学出版社			
社　　址	北京市海淀区圆明园西路 2 号		邮政编码　100193	
电　　话	发行部 010-62733489,1190		读者服务部 010-62732336	
	编辑部 010-62732617,2618		出　版　部 010-62733440	
网　　址	http://www.caupress.cn		**E-mail** cbsszs@cau.edu.cn	
经　　销	新华书店			
印　　刷	运河(唐山)印务有限公司			
版　　次	2022 年 8 月第 1 版　　2022 年 8 月第 1 次印刷			
规　　格	148 mm×210 mm　32 开本　4.75 印张　130 千字			
定　　价	25.00 元			

图书如有质量问题本社发行部负责调换

编写人员

主　　编	沈　群
副 主 编	薛　勇　王　超　赵卿宇
参编人员	涂振东　王立峰　管　骁
	任　欣　付永霞　张　凡
	侯殿志

前　言

　　健康是人类全面发展的必然要求,是经济社会发展的基础条件,是民族昌盛和国家富强的重要标志,也是广大人民群众的共同追求。为推进健康中国建设,提高人民健康水平,国家提出《"健康中国2030"规划纲要》,其目的是引导合理膳食,形成科学的膳食习惯,普及健康生活方式。中国素有"杂粮王国"之称,杂粮种类繁多。近年来,国内外大量研究结果表明,杂粮不仅能提供基础营养,而且其具有的多种活性组分有调节机体代谢、调节内分泌、提高免疫力等作用。2022年版的《中国居民膳食指南》建议我国居民每日谷薯类食物摄入量为200～300 g,其中全谷物和杂豆类50～150 g,薯类50～100 g。然而调查表明,我国居民全谷物、杂豆类、薯类等的摄入量不足推荐摄入量的1/3。为此科学技术部、农业农村部等部委及各省科学技术厅均发布了相关科技攻关项目,旨在推进我国居民的杂粮摄入量。

　　我国享有"饮食王国"之美誉。从古至今,我国劳动人民充分发挥了自己的聪明才智,在粗粮细作方面表现出了极大的创造力,创作出许多杂粮美食。为了让广大的科技工作者了解杂粮的研究进展,并开发出更多的杂粮食品,也为了让消费者了解杂粮食品的制作方法,让他们能够在家中自己制作杂粮美食,本

书以 10 种杂粮(小米、荞麦、燕麦、薏米、高粱、青稞、绿豆、芸豆、豌豆、红豆)为主题,介绍杂粮的起源及产地,杂粮的主要营养、功能的研究进展以及工业化的杂粮食品,特别是在收集整理了大量的我国地方特色杂粮食品和部分国外杂粮食品的民间制作方法、美食的传说的基础上,配以精美的插图以飨读者。

本书注重文化及科学相结合,图文并茂。希望能为科研工作者的研究提供思路,为消费者提供美食的制作方法,最终为推进健康中国的建设贡献力量。本书受国家重点研发项目"传统杂粮关键新技术装备研究及示范"(2017YFD0401200)资助。

由于编撰团队水平有限,编撰过程中难免出现差误,敬请广大读者批评指正。

沈 群

2021.6.22 于北京

目　　录

第一章　杂粮概述

　　杂粮是小宗粮豆作物的俗称，主要是指除小麦、水稻、玉米、大豆和薯类等以外的粮豆作物。杂粮的主要特点包括生长周期较短、种植面积不大、产量不高和种植地区特殊等，但因其营养价值高，富含蛋白质和各种维生素、矿物质以及多种功能因子，具有平衡膳食的作用，在国内外饮食文化中占据重要地位。据联合国数据统计，世界杂粮种类主要有：谷类杂粮——粟、荞麦、燕麦、薏仁、高粱和青稞等；豆类杂粮——绿豆、芸豆、豌豆和红豆等。

　　世界上杂粮的种植范围很广，以亚洲、非洲和欧洲种植最多。我国素有"杂粮王国"之称，是重要的杂粮主产国，杂粮资源丰富、品种繁多，在世界杂粮生产和出口中具有举足轻重的作用。我国杂粮主要分布在东北、华北、西北和西南等干旱半干旱地区、高寒山区和少数民族聚集地区。杂粮既是这些地区的高产作物和经济作物，也是当地农民重要的食物来源和主要经济来源。据统计，我国杂粮产量约占粮食总产的10%，播种面积占16%左右。

　　杂粮种类繁多，富含各种宏量元素和功能性成分，经科学搭配可满足人体营养所需。《黄帝内经》曾记载"五谷为养、五果为助、五畜为益、五菜为充"的饮食平衡原则，提示多种的食物搭配可获得更均衡的营养，其中的五谷包含有杂粮，说明杂粮在膳食中自古具有重要地位。近年来,随着膳食结构的改变,我国肥胖人群迅速增长,慢性疾病患病率激增,威胁人们的健康。《"健康中国2030"规划纲要》已明确提出未来健康管理模式应以预防为主、治疗为辅,食疗为主、药疗为辅。将谷物作为主食是我国居民的主要饮食模式,但我国居民膳食中谷物以精制米面为主,全谷物及杂粮摄入不足,只有20%左右的成人能达到日均摄入50 g以上杂粮。大量的流行病学调查也表明,摄入一定量的杂粮可以降低某些慢性代谢性疾病,如心血管疾病、2型糖尿病、结直肠癌发病风险及全因死亡风险,有助于维持正常体重、延缓体重增长。因此,在利用饮食防控各类慢性疾病方面杂粮具有显著的优势。总的来说,杂粮的营养成分含量普遍高于小麦和稻米,各类杂粮的具体营养成分含量又因种类、品种不同而有所差异,食用杂粮可以均衡日常营养。对于人体而言,豆类杂粮血糖生成指数(GI值)普遍低于谷物类杂粮,而谷物类杂粮的GI值低于小麦和大米,从而有利于糖尿病病人和肥胖人群的食用。另外,豆类杂粮一般含有比稻米、小麦及谷类杂粮更高的蛋白质,是植物蛋白的重要来源。赖氨酸是谷物类粮食的限制性氨基酸,而杂粮中藜麦、荞麦和黑豆的赖氨酸含量较高。更重要的是,杂粮富含多种功能因子,例如荞麦中含有芦丁,对血管有保护作用;青稞中含有β-葡聚糖,具有降低胆固醇、调节血糖、提高免疫力等功效;燕麦含有亚油酸和多种酶类,具有延缓细胞衰老的作用;矿物质如镁、锌、硒和铁等在杂粮中的含量也高于普通的主粮。2016年中国营养学会发布《中国居民膳食指南》建议每天摄入谷薯类食物250～400 g,其中包括杂粮在内的全谷物和杂豆类摄入量在50～150 g,薯类50～100 g。

近年来,随着人们对杂粮营养保健价值的认可度不断提高,杂粮越来越受到人们欢迎,消费量日益增加。粮食加工企业积极拓展杂粮生产领域,但是受加工特性的限制,市面上的杂粮制品还是相对较少的。目前,杂粮产品的开发研究主要集中在杂粮面条、杂粮烘焙食品、杂粮发酵食品、杂粮饮料和杂粮代餐粉等方面。研究者们主要通过工艺优化、配方设计、品质评价,利用超微粉碎、微包埋、挤压膨化、高压均质、冷冻干燥、微波熟化、真空油炸等技术,开发营养价值高、风味优良的谷物饮料、酥脆休闲食品、杂粮糕点等杂粮制品。除了目前已经上市的工业化杂粮产品外,消费者在日常的生活中也创制了各种各样的杂粮食品,形成了具有鲜明地方特色的美食。

　　随着消费观念的升级、消费者自我保健养生等意识的增强,杂粮的营养功能重新得到人们认可与重视,杂粮的市场前景也越来越广阔。但目前消费者对杂粮的认识不足,并且杂粮的论述相对分散,未能凸显各种杂粮的特色与地位。为完善杂粮相关的研究,本书深入介绍了 10 种杂粮的起源和种植产地、营养与功能以及产品相关的内容,帮助消费者准确认识杂粮的营养特点,增强消费者信心,同时激励开发者研发差异化精准营养食品,激发市场活力,形成良好的产业发展链,推动整个杂粮产业的发展与繁荣。

第二章　粟米

粟类作物是小粒粮食或饲料作物的总称,除粟(谷子)外,还包括珍珠粟、穈子、龙爪稷、食用稗、小黍、圆果雀稗、马唐、臂形草等。粟类属世界第六大粮食作物。与其他粮食作物相比,粟类具有抗旱、抗病虫害、生长周期短等优势,是亚洲、非洲东部以及欧洲南部等干旱半干旱地区的主要粮食作物,对粮食安全起着十分重要的作用。我国主要种植的粟类是谷子,因此本章重点介绍谷子。

一、谷子的起源和种植产地

谷子(Foxtail Millet, *Setaria itatica Beauv*)是粟类里最具经济价值的种类。谷子是由野生的狗尾草选育驯化而来的,是世界上最古老的作物之一。目前,亚洲人和欧美亚裔人是粟类的主要消费群体,欧美白人和非洲南部人很少消费粟类。就亚洲而言,中国、日本、韩国、印度是粟类的主要消费群体,并普遍认同小米是一种具有多种保健功能的健康食品,或者说是药食两用食品。

谷子起源于中国黄河流域,有"百谷之长"的美称。据考古发现,谷子在我国的栽培历史大约有 8 000 年,是中华民族的哺育作物。谷子大约在新石器时代就已由东向西传播,经阿拉伯、俄国、小亚细亚、奥地利传播至整个欧洲。同时又向东传到日本、朝鲜等地。今天世界各地栽培的谷子，都是由中国传出去的。

谷子性喜高温，气温 22～30 ℃，海拔 1 000 米以下地区均适合栽培。谷子具有生育期短、适应性广、耐干旱、耐贫瘠、籽粒耐贮藏等优点，属于耐旱稳产作物。

全世界谷子栽培面积为 10 多亿亩，主要分布在中国，谷子总产量约占世界的 80%；印度为第二大谷子生产国，占世界总产量的 10% 左右；谷子还分布于东南亚、南美洲及欧洲一些国家，如日本、朝鲜等。此外，澳大利亚、美国、加拿大、法国、匈牙利等国也有少量种植。

我国谷子主要分布在淮河、汉江、秦岭以北，河西走廊以东，阴山山脉、黑龙江以南和渤海以西的广大地区，其中山西、陕西、内蒙古、河南、河北、黑龙江的种植面积较大。2015 年我国谷子面积为 2 000 万亩左右，糜子面积 900 多万亩，谷子、糜子总面积较 2014 年增加 25% 左右。

谷子按成熟迟早可分为早熟、中熟、晚熟品种；谷子籽粒的颜色可分为白色、褐色、红色、黑色、灰色、黄色等，其中以黄色和白色最为普遍，它们皮薄，出米率高，米质较好。

据联合国粮农组织（FAO）公布的统计数据，印度粟米种植面积居首，我国粟米种植面积次之。在北美和欧洲等地区，因粟米的种植范围较小，未被列入居民膳食谱，但近年来却作为全谷物和无面筋食品越来越受关注。在亚洲、非洲的一些国家和地区，粟米是一种主要的食品加工原料，并且已经被用于加工制作多种传统食品和饮料，如米粥、啤酒、营养粉、零食以及民族特色食物等。

二、小米的营养及功能

(一)小米的营养

谷子脱壳后即为小米。小米的营养十分丰富、全面。小米的碳水化合物含量为 70.13%～75.07%，其中含有 8.24%～14.56% 的抗性淀粉。小米蛋白质含量为 8.69%～11.86%、粗脂肪含量为 1.23%～4.47%，脂肪中不饱和脂肪酸(亚油酸、油酸和棕榈酸)比例较高，不饱和脂肪酸含量占总脂肪的 70% 以上。小米矿物质含量十分丰富，尤其是钙、磷、铁元素(表 2-1)。小米蛋白质中含有人体必需的 8 种氨基酸，与小麦和大米相比，除了赖氨酸的含量稍有逊色外，其他 7 种均超过了小麦和大米，尤其是色氨酸和蛋氨酸的含量(表 2-2)。小米也是 B 族维生素的良好来源，富含硫胺素、核黄素、烟酸等 B 族维生素。此外小米还富含维生素 E、类胡萝卜素等。

小米中的蛋白质主要包括清蛋白、球蛋白、谷蛋白和醇溶蛋白 4 种，它们主要贮藏在小米的胚和胚乳细胞中。小米中的醇溶蛋白含量最高，占总蛋白含量的 56% 左右，是小米中主要贮藏蛋白质。有研究发现，当采取体外模拟蛋白消化法对小米乳、小米中醇溶蛋白和分离蛋白进行消化率测定时，小米乳和小米醇溶蛋白具有较低的蛋白体外消化率。分析认为小米分离蛋白易消化，小米醇溶蛋白难消化，是小米蛋白消化率低的主要原因，小米醇溶蛋白中存在的二硫键及较强疏水性是其抗消化的关键因素。小米蛋白是一种低过敏性蛋白，其不含豆类、小麦蛋白所含有的易引起过敏、腹泻、腹痛等症状的蛋白酶抑制剂、凝集素、麦谷蛋白等，是一种安全性较高的理想食品基料。

表 2-1　不同种类粟米与其他谷物营养成分对比（100 g 可食部计，12%水分）

品种	蛋白质（克）	脂肪（克）	灰分（克）	粗纤维（克）	碳水化合物（克）	能量（kCal）	钙（毫克）	铁（毫克）	维生素 B₁（毫克）	维生素 B₂（毫克）	尼克酸（毫克）
大米	7.9	2.7	1.3	1.0	76.0	362	33	1.8	0.41	0.04	4.3
小麦	11.6	2.0	1.6	2.0	71.0	348	30	3.5	0.41	0.10	5.1
玉米	9.2	4.6	1.2	2.8	73.0	358	26	2.7	0.38	0.20	3.6
高粱	10.4	3.1	1.6	2.0	70.7	329	25	5.4	0.38	0.15	4.3
珍珠粟	11.8	4.8	2.2	2.3	67.0	363	42	11.0	0.38	0.21	2.8
龙爪稷	7.7	1.5	2.6	3.6	72.6	336	35	3.9	0.42	0.19	1.1
小米	11.2	4.0	3.3	6.7	63.2	351	31	2.8	0.59	0.11	3.2
库都粟	9.8	3.6	3.3	5.2	66.6	353	35	1.7	0.15	0.09	2.0
稗草	11.0	3.9	4.5	13.6	55.0	300	22	18.6	0.33	0.10	4.2
穇子	12.5	3.5	3.1	5.2	63.8	364	8	2.9	0.41	0.28	4.5
小粟	9.7	5.2	5.4	7.6	60.9	329	17	9.3	0.30	0.09	3.2
粟米均值	10.5	3.8	3.5	6.3	64.2	342.3	27.1	7.2	0.40	0.20	3.0

注：除蛋白质外，其余数据均为干基重量。

表 2-2　几种粮食必需氨基酸含量与 FAO/WHO 推荐量的比较

mg/10 g

项目	苏氨酸	缬氨酸	蛋氨酸	亮氨酸	异亮氨酸	苯丙氨酸	赖氨酸	色氨酸
FAO/WHO 推荐量	400	500	350	740	400	600	550	100
小米	467	548	300	376	1489	552	229	202
大米	280	394	125	257	610	314	255	122
小麦	328	454	151	384	753	487	262	122
玉米	370	415	153	1 274	275	416	308	65

　　小米中含 70% 左右的碳水化合物,其中,游离糖 0.46% ~ 0.69%,淀粉 56.0% ~ 61.0%,纤维素 0.70% ~ 1.80%,戊聚糖 5.50% ~ 7.20%。小米中的水溶性多糖主要是阿拉伯糖和木糖,还有少量的甘露糖和半乳糖。

　　小米中脂肪的含量虽不高,但却属于优质脂肪。小米脂肪中含棕榈酸 8.1%、硬脂酸 6.2%、油酸 13.2%、亚油酸 68.4%、亚麻酸 1.8%、花生酸 2.0%,此外还含有 0.3% 左右的甘二烷酸,二亚油酸甘油酯,一亚麻酸甘油酯和 α,β- 二半乳糖基-α'- 亚麻酰基甘油酯,甘油-α,β- 二亚麻酸酯-α'- 鼠李-鼠李糖苷和一油酸甘油酯。这些甘油酯化合物对皮肤、微血管、中枢神经系统有保护作用。

　　除常规营养素外,小米中还含有丰富的植物化学物,尤其是多酚类。小米中的酚类物质以阿魏酸和香草酸为主。小米中的色素主要为类胡萝卜素、玉米黄素、隐黄素和叶黄素。

(二)小米的功能

　　《神农本草经》是中医四大经典著作之一,其中的《中品·米谷部》

中介绍小米具有"主养肾气,去胃脾中热益气……陈者,味苦,主胃热,消渴,利小便"的功效。《本草纲目》提到小米具有"治反胃热痢,煮粥食,益丹田,补虚损,开肠胃"的功效。《灵枢经》中说小米对治疗消化不良、妇女带下等症有良好功效。《食疗本草》中记载,小米属寒性谷物,有健胃功能,并能促进人的睡眠,产妇多食小米有助乳汁的旺盛分泌。《食鉴本草》中说,"粟米粥,治脾胃虚弱,呕吐不能食,渐加羸瘦,用粟米煮粥而食养胃气"。《食物本草纂》记载小米可以"和中益气,益肾,去脾胃中热,止痢,消渴,利大便"。

中医讲小米"和胃温中",认为小米味甘咸,有清热解渴、健胃除湿、和胃安眠等功效,可用于气血亏损、体质虚弱、胃纳欠佳者进补,适于产妇乳少、产后虚损引起的乏力倦怠,内热者及脾胃虚弱者更适合食用它。小米在我国,尤其是北方居民日常生活中占有非常重要的地位,有关小米养胃、催乳等食疗功效,几乎人人耳熟能详。

小米含有的抗性淀粉、低聚糖、脂质、酚酸、生物碱、黄酮、木酚素、植物甾醇、植酸、单宁等均具有一定的生理功效。近年来有关小米的功能性研究也逐渐增多,其中包括降血糖、降血脂、抗氧化、抗结肠癌和保护肝脏等功能。

1. 粟米的降糖功效

在印度,包括小米在内的粟类被视为缓解糖尿病食品,其相关研究表明每天饲喂 300 mg/kg 体重剂量的小米水提物持续处理 30 天,糖尿病大鼠空腹血糖和糖化血红蛋白浓度均显著下降,证明小米具有良好的降血糖功效。另有科研人员研究了在正常膳食和高脂高糖膳食饲喂条件下,进食小米蛋白对先天性二型糖尿病小鼠 KK-Ay(可以作为肥胖及二型糖尿病的实验动物模型,表现为超重、高胰岛素血症、胰岛素抵抗)血脂、血糖、血浆胰岛素以及脂联素水平的影响。与酪蛋白对照组相比,两组不同的膳食处理情况下进食小米蛋白实验小鼠的血浆 HDL-C 和脂联素水平均显著提高,胰岛素水平显著下降,推测小米蛋白可以促进脂联素分泌,提高胰岛素敏感性,加速胆固醇代谢。不同科学家进行的有关日本产小米(Japanese millet)蛋白和韩国产黄米(Korean proso-millet)蛋白对糖尿病小鼠血糖改善状况的研究均得到了积极结果,再次证明粟类作物的降血糖功效。从印度龙爪稷(Eleusine coracana)蛋白中提取出的抑制剂 RBI(RA-TI),可以同时抑制 α-淀粉酶和胰蛋白酶的活性。该抑制剂是一种由 122 个氨基酸残基和 5 个二硫键构成的双功能抑制剂。

2. 粟米的护肝功效

用提取的小米酸不溶性蛋白质饲喂 CCl_4 诱导的化学性肝损伤小鼠,与对照组相比,处理组小鼠血清中谷丙转氨酶、谷草转氨酶水平及肝组织中丙二醛含量显著降低,且肝细胞坏死等病变较少,从而表明小米酸不溶性蛋白对 CCl_4 所致急性肝损伤具有保护作用。

3. 粟米的调节免疫功效

小米多肽具有明显的免疫调节作用。采用高、中、低剂量小米多肽[250 mg/(kg·d)、500 mg/(kg·d)、1 000 mg/(kg·d)]饲喂小鼠 30 天,发现小米多肽对小鼠的免疫系统具有调节作用。小米多肽能刺激淋巴细胞转化,使其吞噬率和吞噬指数显著增加,脾脏指数和胸腺指数也明显增加。

4. 粟米的降压功效

小米多肽具有一定的降压作用。有研究表明小米蛋白水解肽可以更有效降低原发性高血压大鼠血压和心体比,上调原发性高血压大鼠机体的总抗氧化能力。

5. 粟米的其他功效

小米蛋白还有抗菌和抗氧化的生理功能。研究发现胁迫发芽后的小米水溶性蛋白质对羟自由基的抑制作用更为显著。从干酪乳酸杆菌发酵小米中分离纯化的多肽具有抗氧化活性和抗菌效果,并且可以抗胰蛋白酶消化,从而在小肠中不会被降解。

小米中色氨酸含量较高。现代医学认为,色氨酸能促进大脑神经细胞分泌出一种催眠物质——五羟色氨。因此,睡前适当进食谷物食品,有一定的催眠作用。

小米中的酚类物质能够通过多种代谢途径发挥其潜在抗癌、抗氧化、延缓衰老、降血压以及预防心血管疾病等生理功效。

三、工业化小米加工产品

关于小米产品的研发已有较多,如小米挂面、速煮米粥、小米杂粮复配粉、小米饼干等。此外,将小米熟化后,利用微生物经过糖化、发酵等工艺,可生产小米黄酒、红曲色素及各种发酵饮料。小米加工产品正在不断向多样化发展。

小米中不含面筋蛋白,且小米淀粉易发生老化。因此在加工小米产品时,需要对小米进行预处理。

(一)小米的预处理

1. 挤压小米粉

挤压技术是多学科交叉所产生的一门高新技术。食品挤压作为一种高温短时的加工方法,能集输送、混合、搅拌、蒸煮和成型等多种操作单元于一体,具有连续加工、方便灵活和短时高效等优点。因此该技术倍受人们的关注,并已在食品、粮油、发酵、饲料、医药等工业部门得到广泛应用。

经过挤压膨化后小米中大部分淀粉颗粒已经糊化。小米挤压粉

的各阶段黏度值均显著低于小米生粉。挤压膨化后,小米粉的回生值显著低于生粉,且最终黏度显著低于其自身峰值黏度(甚至低于起始黏度),表明挤压膨化后的小米淀粉相对不易老化回生。

小米经过挤压膨化后可以改进口感,在开发小米食品方面发挥作用。小米与其他原料复合挤压后可用于生产婴幼儿的断奶食品、方便粥、人造谷粒等。

2. 超微小米粉

超微粉碎是一项新型的食品加工技术,通过将物料微细化,使得粉体表面积和孔隙率增加,从而使物料具有高溶解性、高吸附性、高流动性等多方面的优点,且超微粉碎技术的粉碎过程对原料中原有的营养成分影响较小、制备出的粉体均匀性好。颗粒微细程度不同,对某些天然生物资源的食用特性、功能特性和理化性能产生多方面的影响。

3. 发酵小米粉

发酵是一种降低食物中的抗营养因子水平并提高蛋白质利用率的有效手段。经过发酵,复杂的贮藏蛋白质降解为更简单且可溶性高的多肽,体外蛋白质消化率和营养价值也相应提高。研究发现唾液乳杆菌可在小米基质中稳定存活,并在 24 小时到达稳定期,明显高于酵母菌。乳酸菌和酵母菌纯种发酵小米均能有效地降低小米粉中的植酸含量(降低 65%～75%)。经过发酵,小米中赖氨酸含量增加一倍左右,同时钙、铁、锌等矿物元素的溶解量增加,生物利用率提高。

4. 发芽小米

经过发芽处理后,小米中抗营养因子植酸的含量显著下降,蛋白质和脂肪含量有所下降,膳食纤维含量增加,小米糊的稳定性好,粗糙感小,黏度大,口感好。

（二）工业化小米产品

小米经过蒸煮、冷冻、挤压膨化、冷冻干燥、热风干燥等不同的加工技术可制成如孕妇小米粥、婴儿断奶食品、小米海参粥、速食小米粥等产品。

1. 小米挂面

经过挤压物理改性和超微粉碎后，挂面中小米粉添加量可以分别达到 50% 和 30%，并且通过物理改性，小米挂面的蒸煮特性和感官特性得到很大改善。

2. 复配小米冲调粉

利用挤压膨化小米粉添加杏仁粉制作的小米营养糊或营养方便粥，产品不但口感细腻，营养价值也大幅度提高，蛋白质含量上升 35%，赖氨酸含量提高 1.5 倍以上，达到了全价蛋白质的水平。用该小米粉制作的面包质地蓬松，不易老化。将小米煮熟磨浆，可用作生产米豆冰淇淋、米乳饮料的原料；也可将浆液按一定的配方调配成适宜的浓度，采用蒸汽加压喷雾干燥制粉技术，制成小米熟精粉，再经强化和调配即成小米婴幼儿粉、旅游方便油茶等食品。

3. 小米饼干

将精制小麦粉、小米粉、绿豆粉以 50∶40∶10 的比例配制成复合粉，可以制作小米风味饼干。这种饼干与小麦全粉饼干在感官、口感等方面无显著差异，但前者含有较多的多酚和植酸，是较好的营养食品。采用 100% 小米粉，40% 白砂糖，40% 色拉油和 0.8% 疏松剂，制作出的小米酥性饼干口感疏松，风味纯正，品质优良。

4. 小米面包、蛋糕、馒头等

小麦粉中添加 10% 的小米粉，制作出来的海绵蛋糕品质较好（但

当小米粉添加量大于 20% 时对蛋糕品质有显著影响,蛋糕质地变差)。用此方法还可以制作小米面包、馒头等。

5. 其他小米工业化食品

将小米煮熟磨浆,可用作生产米豆冰淇淋、米乳饮料的原料。以小米替代淀粉,可制作具有天然色香味的小米冰淇淋。用该工艺制得的冰淇淋组织结构细腻柔软,无冰结晶,口感软化无砂砾感,色泽呈淡黄色。添加 15% 小米浸提液在牛奶中,将保加利亚乳杆菌和嗜热链球菌 1:1 混合作为发酵剂,在 42 ℃ 进行发酵,接种量 3%,加糖量 8%,发酵时间 6 小时,可得到品质优良、口感良好的凝固型小米酸奶。

小米加水煮熟,利用微生物的作用,经糖化、发酵等工艺处理,可生产小米黄酒、小米啤酒、调料酒、小米陈醋、红曲色素等。

四、国内外特色粟米食品

(一)我国地方特色粟米食品

1. 小米传统食品

(1)和子饭(图 2-1)

和子饭也称和和饭、糊面和和饭、流尖菜稀粥,在晋南一带还称为米淇,是山西、陕西、内蒙古等地区的著名小吃,是当地居民最常见的早餐。

为什么叫和子饭呢?相传这种饭食起源于晋末,当时羯人进入山西,主要居住在武乡一带。他们属游牧民族,来到这里定居后,不习惯吃也不会做山西的粗粮,于是他们就把粮和菜一起放入锅中,煮熟了食用。人们把这种饭称为胡胡饭,因在当地"胡"与"和"音相近,日子久了,就演变为现在的和子饭。

图 2-1 和子饭

和子饭由小米、薯类、蔬菜和各种面制食物组成,饭菜合一,由于地域差异,各地"和子饭"的制作方法、辅料各具特色:有以小米为主,加煮红薯、山药、黄豆等;也有米面各半,加煮南瓜、白菜等;还有米少面多,加煮大量萝卜条等。

按熬稀粥的方法,把小米放在水中,再放入大小适中的山药、红薯等辅料一同去煮。快煮熟时,再把莜面均匀放入稀粥锅内,边放边搅,直到看不见干面的痕迹,再熬煮稍许,闻到莜面香味,即已制成。

（2）小米渣（图 2-2）

小米渣是贵州人最喜欢的小吃之一,关于它的来历有个有趣的传说。传说,苗王携女巡游山寨,至山民喳幺家中,喳幺家徒四壁,无以款待,就将小米拌以山枣,放在火塘里蒸熟,取名"小米渣"。苗王怒其不恭,然其女见小米渣色泽灿烂,欣然食之,觉得甘香可口,笑语嫣然。苗王见状食之,发现亦香亦糯,很是美味,转怒为喜,便令喳幺回寨专做小米渣。后逢各寨主来朝,必以小米渣待之。苗疆各寨重大节庆,皆以苗王所赐小米渣为上品,以示贵重。如今,小米渣作为贵州地区的特色之一,是嫁娶、宴请时的必上美食。

小米渣主要制作方法是：先将小米洗净，清水泡 4 小时以上，中间换 2～3 次水；再将整块五花肉直接放锅里炸，皮略焦黄即可取出晾凉，将五花肉切成小块，然后用料酒、生抽、八角、桂皮、姜片拌一起腌制 3 小时；之后将小米倒入锅底铺平、铺匀，将肉块捡出来均匀铺放在小米上，倒入适量的水，没过米和肉，高压煮约 20 分钟或常压蒸煮约 1 小时即熟。

图 2-2　小米渣

（3）宁海脑饭

这道美食的起源，相传与民间坐月子的习俗有关。一个比较流行的故事版本是：清末，宁海州（今山东烟台市牟平区和威海市辖区）有一户人家的儿媳妇生了小孩，按照习俗，产妇坐月子期间要喝小米粥。但当时这户人家没有多少小米，恰巧邻居家是做豆腐的，产妇的婆婆就到邻居家要了一碗豆腐脑，掺和在小米粥里。令人惊喜的是，将豆腐脑、小米混在一起熬，并添加一些配料后，做出的"粥"味道特别可口。后来，一传十，十传百，"宁海脑饭"就此流行开来。

宁海脑饭是山东省著名的传统小吃，主要原料有小米和黄豆。主要制作方法是：将小米淘洗干净，用清水浸泡回软，放水磨中磨成浆,用洁布包住过滤,放锅内熬至黏稠,盛盆内待用;大豆洗净,用清水浸泡回软,放水磨中磨成浆,放锅内加盐卤制成嫩豆腐脑,揭去豆腐皮,倒入小米粥盆内便成脑饭。此外还可将菠菜洗净切成段,与豆腐皮一起加香油炒熟,放在脑饭上面,食时加食盐、辣椒酱、腌雪里蕻拌匀。

（4）小米凉粉（图 2-3）

小米凉粉是晋中地区寿阳一带民间常食用的夏季凉面之一。主要制作方法是:将小米淘净,冷水浸泡 10～20 分钟捞出,与清水混合磨成米浆,入锅熬煎,边熬边搅,快熟时加入蒿籽粉。把熬熟的米浆在高粱箔子上摊成薄饼,晾凉后再摊一层,如此反复摊晾即成。吃时切成细条,调上芝麻、芥末、辣椒油、香油、醋等调味品。

图 2-3　小米凉粉

（5）甜沫子粥

甜沫子粥是内蒙古地区的农家特色小吃。主要原料是小米、黄豆。制作方法是:用一碗小米、多半碗干饭再加一把黄豆,用手注水磨好,变成沫子,再把水烧开,放入沫子,调到不稀不稠时,煮沸即可食用。

（6）茶汤（图 2-4）

相传茶汤源于明代。明朝初年（永乐十九年），朱棣迁都北京之后，设光禄寺为礼仪祭拜的机构，为了祈福江山社稷，光禄寺研制了一个以稷（小米）为基底的粥，命名为茶汤。在祭祀拜天之时，赐文武百官各一碗。

图 2-4　茶汤

茶汤是北京、天津及山东济南的传统风味小吃。因用热水冲食，如沏茶一般，故名茶汤。茶汤的主料是糜子面、小米面或高粱米面，调料有红糖、白糖、青丝、红丝、芝麻、核桃仁、什锦果脯、京糕条、松子仁等。山东茶汤和北京茶汤的制作方法略有不同。北京茶汤的制作方法是先将糜子米淘洗干净，用凉水浸泡 2～3 小时，碾成面，然后过细箩，即成糜子面备用；山东茶汤的制作方法是先将小米磨制成粉，小火炒熟炒香备用。之后将茶汤壶内的水烧开，取小碗先加入少量温水，再放入少量小米面或者糜子面调成面糊，然后将开水冲入碗内，顺时针搅匀，面糊即冲成杏黄色的茶汤。冲好后，撒上糖、花生、葵花籽仁、核桃仁、青梅丁等即可食用。

（7）老北京面茶（图2-5）

面茶是一种北京、天津、山西等地的传统风味小吃。首先把适量的小米面或糜子面倒入锅中，用少许的凉水调成均匀的面糊后再加水煮制，熬煮时要不停搅拌，将小米面或黍子面熬煮成糊状即可出锅。将糊盛入碗内，表面淋上芝麻酱、花椒盐、姜粉等即可食用。有意思的是它的吃法，特别是老北京讲究喝面茶不用勺不用筷，而是要一手拿碗，把嘴巴拢起，贴着碗边，转着圈喝。

图 2-5 老北京面茶

（8）粉浆饭（图2-6）

相传，很早以前古都安阳有一年大旱，百姓无水可吃。当时在古城大西门有家粉房，店里有口小井，但井深水浅，仅够维持生产。百姓没有办法，只好把粉房生产时倒掉的废料——粉浆提回家充饥渴，由于直接喝太酸，人们便配以小米、食盐、野菜等熬制。旱年过后，有人回味过去粉浆饭的味道，遂又取米粉浆配以花生、大豆、大油、麻油等，精心调制，便形成了闻名遐迩的传统名吃粉浆饭，并一直流传至今。

粉浆饭是河南省、山西省的著名小吃。两个省的粉浆饭做法不同。在河南常见的做法是用制作绿豆粉皮、粉条后的余汁,加小米、黄豆、花生米、白菜、猪油熬制后再加香油、香菜即可食用。山西则常用豌豆或板豆做粉浆原材料,不加小米和白菜,下一些宽薄面条,加入葱花、黄豆、花生、油泼辣子等,即可食用。

图 2-6   粉浆饭

2. 其他粟类食品

粟类是一系列小粒种子的总称,包括小米、糜子、珍珠粟、龙爪稷以及稗草等。我国除了小米外,糜子也是常见的一种粟。因此本章也将我国其他粟类食品一同介绍。

(1)黄黄馍(图 2-7)

黄黄馍又称黄黄,是陕西省延安市黄陵县的特色小吃。主要原料为硬糜子面粉,因其成品色黄而得名。由于从中间折叠为两层,便于夹肉、蛋、菜等各种菜肴,渗入不同味道,因而赢得了人们青睐。

制作方法是先用锅烧适量的水,水开后,将碾好的硬糜面取出一份用凉水搅拌成一小盆糊状,倒入开水锅中,煮几分钟,再将一部分糜面逐渐撒向锅中,边撒边搅拌约 40 分钟,使其成为稠粥状,出锅稍凉后与其余硬糜面和成面团,置于盆内盖严;将面团发酵 6 小时左右,闻到香味、食用略甜时,即发酵好;另取一盆,将发酵好的面团挖出一块,放入盆中,倒入事先配好的加了酵母的水,将面团搅拌成糊状,盖好盖,再发酵 30 分钟左右,以面糊出现小泡为宜;之后即可摊烙。

图 2-7　黄黄馍

（2）薛家窝头（图 2-8）

薛家窝头是河北地区美食。据传,薛家窝头声名大振始于其第四代传人薛木延。当时正处于清光绪年间,薛木延每天推车到周围村街售卖。一日,他赶李贾村集市的时候,正遇上清皇宫太监李莲英回故里省亲。李莲英吃了薛家窝头后,惊叹道:"天下竟有如此好吃的窝头!"他将薛家窝头带进皇宫呈送给慈禧太后品尝。慈禧太后品尝后对薛家窝头赞誉有加,称其为"黄金塔",还亲笔写下书匾赐给薛家。因此,薛家窝头成了贡品。如今,薛家窝头在继承传统的基础上,结合当代人的饮食口味及营养科学,不断发扬光大,并取得了国

家生产制作工艺专利权。

薛家窝头制作方法是：以糜子米、大黄豆为主要原料，碾成面。和面时，先倒水，再加面粉，从底部往上搅拌成面团。捏制窝头时，先将面料在手中团成圆形，再用大拇指扩形，形成金字塔状。大火上屉蒸 10 分钟，约 9 分熟时出锅。

图 2-8 薛家窝头

（3）黏豆包（图 2-9）

黏豆包是东北特色食品。在东北地区，黏豆包是人们冬季餐桌不可或缺的主角。黏豆包一般是在冬季开始的时候制作，然后放入户外的缸中保存过冬。其一般以糜子或小米为主要原料，玉米面、大芸豆或红小豆为辅料。用糜子和芸豆制成的叫黏豆包；用糜子或小米加进芸豆或小豆制的叫笨豆包。制作方法是将大黄米泡上半日，淘净沙子，晾大半干，磨成面。将玉米面和黄米按一定比例混合，冷水和面，加入酵母粉发酵，闻到酸味后揉面。将豆馅包入揉好的黄米面团里，团成豆包状，放入铺有菠萝叶、梨树叶或苏子叶（也可以改垫其他东西，只要能捡起来豆包即可）的屉中大火蒸 20 分钟，即可出锅。

图 2-9　黏豆包

（4）黄米蒸饭（图 2-10）

　　黄米蒸饭是山西临汾传统的汉族小吃。它的制作方法是将新鲜黄米在凉水中浸泡 10 个小时,另将红枣、红芸豆放在锅中煮熟,备用;然后将黄米捞出,在大铁锅上放上铁箅子;铺上蒸饭片,按照一层黄米一层芸豆一层红枣的顺序铺放,大火蒸 1 小时。最后将其在瓷面盆中挤压成糕状,加上白糖食用,口感香软。

图 2-10　黄米蒸饭

（5）豆面糕（图 2-11）

豆面糕又称驴打滚、豆面卷子，是北京和天津一带的传统小吃。相传，在清朝年间，御厨为皇上做了一道蒸年糕，小太监准备给皇上送去时，不小心将年糕掉进了一个盛满豆面的桶里，拿出年糕后发现上面已经沾满了豆面，怎么也弄不干净。这时再重新做已经来不及了，小太监只好硬着头皮将这个沾满豆面的年糕呈给了皇上。皇上看到后很惊讶，便问他这是什么菜。小太监急中生智编出了一个名字，说这道菜叫做"驴打滚"，因为很像驴在黄土上打滚后浑身沾满黄土的样子。

豆面糕主要原料是黄米面。它的制作方法是将黄米面团蒸熟，可在和面时稍多加水和软些；另将炒熟的黄豆轧成粉面；之后将蒸熟的黄米面沾上黄豆粉面，并擀成片，然后抹上赤豆沙馅（也可用红糖）卷起来，切成 100 克左右的小块，撒上白糖，即可食用。

图 2-11　豆面糕

（6）枣介糕（图 2-12）

枣介糕是山西盂县家喻户晓的传统糕类美食，其主要原料是黄米面和红枣。它的制作方法是一层红枣一层黄米面蒸制而成。

图 2-12 枣介糕

（7）黄糕（图 2-13）

黄糕是河北、山西、陕西、内蒙古一带家喻户晓的地方糕类美食，其主要原料是黄米面、玉米面或小米面。它的制作方法是将黄米面掺入少许玉米面或小米面，用水拌成粉团状，在锅里蒸熟后，用手蘸少许凉水揉成块状，最后在糕块儿上面涂少许食用油。

图 2-13 黄糕

（8）壶关小车刀切糕（图 2-14）

小车刀切糕为壶关粗粮细作的一种传统食物。这种刀切糕是选用上好黍米、红枣等蒸制而成的，其质地细腻，甜香宜人，是壶关有名的特产小吃。说起"小车刀切糕"，还有一个传说。相传离壶关县城40 公里的东南方，有一座奇峰怪峦、山水成趣的紫团山。半山腰有一孔紫云洞，洞中的钟乳石奇形怪状，千姿百态。洞前有一白龙潭，潭内瀑布急泻，犹如巨龙从天而降，洞顶有一座白云寺，寺内住着 10 多个和尚。他们每天除烧香拜佛、吃斋行善外，靠着天然条件，还在白龙潭周围种了枣树、黍子、谷子、玉米和蔬菜。和尚们逢年过节常用黄米（黍子脱壳后的米）、大枣制成甜食稀粥改善生活。有一年春节，老方丈让才来的小和尚到灶房烧煮稀粥。在做饭的过程中，小和尚用勺搅粥时，用力过大，把锅磕出了一道纹。小和尚不敢说，结果

图 2-14　壶关小车刀切糕

稀汤顺缝流走,稀汤变成了粥。老方丈问明情况,只好让大家舀到碗里吃。谁知黄米黏性大,舀不出来,只好放在案板上,用刀切成片让大家吃。老和尚边吃边说:"这东西是黄米和大枣做的,黏糊糊、黄澄澄、甜滋滋的,就叫黄米枣糕吧。"小和尚长大还俗后,将制作黄米枣糕的方法传到了壶关民间。从此,壶关人逢年过节总是蒸上黄米枣糕,相互赠送,大户人家还推上小车给亲友赠送,走一处切一片,这便是小车刀切糕的由来。

壶关小车刀切糕的主要原料是黄米面、红枣。它的制作方法是将黄米面加水混合,加入红枣上屉蒸熟,晾凉后切成块状即可食用。

(9)黄米打糕(图 2-15)

打糕的历史比较悠久,早在 18 世纪朝鲜族的有关文献中便有记载,当时称打糕为"引绝饼",并称引绝饼已成为传统食品之一。如今,每逢佳节或红白喜事,家家户户都用打糕来招待亲朋好友。

图 2-15　黄米打糕

打糕是我国朝鲜族的传统食物,是用木槌打制而成的。它的主要原料是黄米或者糯米,用黄米制作而成的叫黄打糕,用糯米制作

而成的叫白打糕。它们的制作方法是先将黄米或糯米以水淘洗干净,用清水浸泡10多个小时,直到用手指能把米粒捏碎为止,然后把米捞出滤干;之后把黄米或糯米放入蒸笼,用大火蒸半个多小时之后,盛于木槽内,用木槌蘸水略捣之,使其成泥状,倒于事先备好的石板上,再以木槌蘸水将其打成面饼。将豆炒熟磨成细面备用,在打好的黄米或糯米糕上撒上黄豆面即可食用。黄米打糕糯软黏柔,芳香浓郁,裹以黄豆粉,别有风味。此外,打糕里还可加入豆沙等辅料,包成半月的形状,然后放入铺着松针的蒸笼里蒸熟。

(10)软米凉糕(图2-16)

软米凉糕是山西人民夏季爱吃的一种解热防暑的食物,其主要原料是黄米和大枣。它的制作方法是:将黄米淘洗干净,放到盆里倒入冷水,泡15天左右,直到发出酸味为止;将黄米捞出用清水冲洗至无酸味后备用;蒸锅置于旺火上,水烧沸套上瓦甑(一种蒸软米的专用工具),用纱布盖住甑眼,放入泡发后的黄米约2寸厚;待蒸汽大起时,再加一层米,加满后盖上盖蒸熟。冷却后将米倒在盆里,加入适量开水搅拌均匀。再把大红枣煮烂去核(煮时放些红糖),捣成枣泥馅备用。用一块布铺在案板上,撒上冷开水,把蒸熟的软米平铺一层,放上枣泥馅摊平,馅上再平铺一层软米。用温布盖上,并用手压扁,切成小块,放在盘里撒上白糖即可食用。

图2-16　软米凉糕

(二)国外特色粟米食品

在国际市场上,谷子主要用作饲料,主要出口国是美国、俄罗斯、澳大利亚,它们的总出口量占到世界出口量的近一半,主要进口国是荷兰、比利时、德国、意大利、英国等欧洲国家。

粟米食品主要出现在印度及非洲等干旱或者半干旱地区的国家。如印度的 Rabadi,是将粟米粉与酸奶混合后发酵制成的产品。尼日利亚的 Kamu 也称作 Gasara 或 Kuli,是一种发酵的蛋糕,Ndaleyi 是发酵后干燥的粟米粉。苏丹人常吃的 Kisra 是粟米发酵后制作的薄饼。这些食品多为不发达国家的传统食品,没有形成规模化生产。图 2-17 至图 2-21 为部分国家的粟米产品。如孟加拉国,这里的人们除了食用粟米粥外,还食用 Payesh、Kichury 及饼干等;当然,还有印度松饼和 Upma;巴基斯坦粟米大饼(Roti);阿拉伯的 Lohoh;非洲等国的Ugali 等。

图 2-17　孟加拉国小米 Payesh

图 2-18　印度松饼(Indian Muffin)

图 2-19　印度 Upma

图 2-20　巴基斯坦粟米大饼（Pakistani Roti）

图 2-21　非洲 Ugali

# 第三章　荞麦

荞麦（*Fagopyrum esculentum* Moench），又名额耻、额启、乌麦、花麦、花荞、净物草、南荞、普通荞麦、荞子、三角麦、甜荞、野荞麦、莜麦，属于蓼科（Polygonaceae）荞麦属（*Fagopyrum*），为一年生草本植物。其茎直立，高 30～90 厘米，上部分枝，绿色或红色，无毛或于一侧沿纵棱具乳头状突起。叶三角形或卵状三角形，长 2.5～7 厘米，宽 2～5 厘米，顶端渐尖，基部心形，两面沿叶脉具乳头状突起；下部叶具长叶柄，上部较小近无梗；托叶鞘膜质，短筒状，长约 5 毫米，顶端偏斜，无缘毛，易破裂脱落。花序总状或伞房状，顶生或腋生，花序梗一侧具小突起；苞片卵形，长约 2.5 毫米，绿色，边缘膜质，每苞内具 3～5花；花梗比苞片长，无关节，花被 5 深裂，白色或淡红色，花被片椭圆形，长 3～4 毫米；雄蕊比花被短，花药淡红色；花柱呈柱头状。瘦果卵形，具 3 锐棱，顶端渐尖，长 5～6 毫米，暗褐色，无光泽，比宿存花被长。花期 5—9 月，果期 6—10 月。

一、种植起源和种植产地

我国荞麦栽培历史悠久，是世界荞麦的起源中心。古代荞麦是重要的粮食作物和救荒作物之一。考古发现出土于陕西咸阳杨家湾四号汉墓中的荞麦，距今已有 2 000 余年的历史。此外，陕西咸阳马

泉和甘肃武威磨嘴子也分别出土过前汉和后汉时的实物。史学家一般认为，唐朝以前荞麦种植似乎并不普遍，农书中关于荞麦最为确切的记载首见于《四时纂要》和孙思邈《备急千金要方》。《齐民要术·杂说》虽有记载，但现在一般认为"杂说"并非贾思勰所作，而很可能出自唐人之手。唐代随着荞麦种植的普及，其栽培技术得到一定程度的总结。《杂说》首次记述了荞麦的耕作栽培技术，并强调适期收获。到了宋代，陈师道在《后山丛谈》中提及荞麦与气候和物候的关系，而朱弁在《曲洧旧闻》中对其形态和生态进行了详细描述。元代对于荞麦栽培技术又有了新的认识，一是在播种量和播种方法上提出"宜稠密撒种，则结实多，稀则结实少"，二是针对荞麦易落粒的特性，在收获方法上进行了改进，采用推镰收割。《农器图谱》中详细介绍了推镰的构造和功用，荞麦是最早采用机械收割的作物。

　　荞麦作为一种传统作物在世界范围内广泛种植，但在粮食作物中的所占比重较小。世界范围内通常种植的荞麦为甜荞，苦荞在国外视为野生植物，也可作为饲料用，只有我国有栽培和食用的习惯。据报道，目前为止我国已发现荞麦属有 23 个种，包括小粒组 16 个种和大粒组 7 个种，其中甜荞和苦荞均属于大粒组。2014 年全世界荞麦种植面积约为 239 万公顷，总产量为 230 万吨，主产国的产量为俄罗斯 75.1 万吨、中国 66.0 万吨、哈萨克斯坦 28.7 万吨、乌克兰 17.9 万吨、法国 15.5 万吨等。2014 年，我国荞麦种植面积约为 1 100 万亩，荞麦总产量同比往年减少 10%。我国甜荞麦主产区分布在内蒙古、黑龙江、吉林、辽宁、河北、陕西、贵州、安徽等地；苦荞麦主产区分布在云南、贵州、四川、陕西、山西、甘肃等地。我国是世界第一大荞麦出口国，出口量约为 14 万吨，主要出口到日本、俄罗斯、法国、荷兰、韩国、朝鲜等国家。据调研统计，80% 的荞麦用于加工食品，荞麦深加工仅占 10%，我国当前荞麦相关企业规模小、产品同质化严重，

企业辐射力量有限,且加工基本属于传统产业,自主研发能力较弱,产业升级发展滞缓等问题,由此导致深加工发展缓慢。

二、荞麦的营养及功能

(一)荞麦的营养

荞麦富含蛋白质、脂肪、膳食纤维、矿物质、多酚、甾醇等物质,被认为是潜在的功能性食品。荞麦蛋白的氨基酸构成较为均衡,富含赖氨酸和精氨酸(赖氨酸是很多植物性蛋白的第一限制氨基酸),而谷氨酰胺和脯氨酸含量明显低于小麦,苏氨酸和蛋氨酸是其主要的限制性氨基酸。荞麦中富含多酚类物质,包括黄酮类物质和酚酸等。不同品种的荞麦中黄酮类物质含量和种类差异很大,不同部位也差别很大。苦荞中黄酮含量(40毫克/克)明显高于甜荞(10毫克/克),苦荞的花、叶、茎中黄酮含量甚至高达100毫克/克。荞麦种子和芽中均富含芦丁,种子中芦丁含量高达80.94毫克/克,远高于甜荞(0.20毫克/克),而苦荞麦芽中芦丁含量是甜荞麦芽的2.2倍。槲皮素是荞麦含有的另一种糖苷,苦荞和甜荞中的含量分别达0.01%~0.05%和0.54%~1.80%;此外,荞麦中还发现有异槲皮素和槲皮素苷元。荞麦芽中黄酮碳苷(牡荆素、异牡荆素、荭草素、合模荭草素)、花青素、原花青素、鲨烯、表儿茶素、维生素E含量也较为丰富,使得荞麦成为健康饮食中抗氧化活性的重要来源。荞麦中酚酸类物质也具有抗氧化活性,2-羟基苯甲酸、阿魏酸、原儿茶酸在苦荞种子中含量也较为丰富。其他酚类物质如香豆素、五倍子酸、咖啡酸、香草酸、丁香酸在荞麦里均有发现。荞麦粉中还含有植物甾醇,主要包括谷甾醇(0.86毫克/克)、菜油甾醇(0.11毫克/克)和豆甾醇(0.02毫克/克)。另外,荞麦中还含有多种维生素,苦荞中 B 族维生素含量显著高于甜荞,其中硫胺素 2.2～3.3 微克/克、核黄素 10.6 微克/克、烟酸 18 微克/克、泛酸 11 微克/克、吡哆素 1.5 微克/克。荞麦中维生素 C 含量达50 微克/克,在荞麦芽中高达 250 微克/克。荞麦还含有谷胱甘肽(去壳荞麦中含 1.10 毫摩/克)、植酸(荞麦麸皮中含 35～38 毫克/克)、胡萝卜素(2.10 毫克/克)、褪黑素(去壳荞麦中含 470 皮克/克)。

(二)荞麦的功能

虽然食用荞麦芽在北美及世界其他地方逐渐流行,但其种子仍是主要的荞麦食品。荞麦种子中富含蛋白质、脂肪、膳食纤维、矿物质、多酚类物质和甾醇等,被视为潜在的功能性食品。我国古代人民很早就认识到荞麦的药用及营养价值,荞麦的根、茎、叶、种子均可入药。《群芳谱》记载荞麦"性甘寒无毒,降气宽中,能炼肠胃""烧灰淋汁取碱,蜜调涂烂痈疽,蚀恶肉,去腐痣最良";《经史证类备急本草》记载"叶作菇食之下气,利耳目""其穰作灰,淋洗六畜疮并驴马躁蹄""能炼五脏滓秽,续精神,作饭与丹石人食之良";《齐民四术》中记载"又腹中时时微痛,日夜泄泻四五次者,久之极伤人,专以荞麦作食。饱食二三日即愈""头风畏冷者,以面汤和粉为饼……虽数十年者,皆瘥(痊愈)"。可见古代人们已经很好地认识到荞麦的营养和药物保健价值。既往报道指出荞麦或富含荞麦的食物具有降胆固醇、降血糖、降血压、抗癌、抗炎、保护神经等功效,其所含多酚类物质和蛋白质在其中发挥关键作用。糖醇(Fagopyritols)是 D 手型肌醇(D-chiro-inositol,DCI)的单、二、三半乳糖基衍生物,分别称为糖醇 B_1、糖醇 B_2、糖醇 B_3,而糖醇 A_1、糖醇 A_2、糖醇 A_3 分别是相应的同分异构体。荞麦中糖醇主要分布在糊粉和胚芽中,糖醇 B_1 含量最为丰富

（每克脱壳荞麦含量高达 0.392 毫克）。研究表明，D 手型肌醇和糖醇具有胰岛素样活性，能够有效地降低血糖。荞麦中还含有 D-荞麦碱（Fagomine），含量虽然较低（每千克荞麦食物含 1～25 毫克），但被证明具有降血糖的功效。荞麦中还含有蒽醌衍生物大黄素（Emodin）（每千克荞麦含 1.72～2.71 毫克），大黄素具有广泛的生物学效应，可能是荞麦发挥健康效应的重要活性物质。荞麦中分离的硫胺素结合蛋白可用于硫胺素缺乏的人群。多项研究报道荞麦蛋白的低消化率、赖氨酸/精氨酸值、蛋氨酸/甘氨酸值可能是荞麦发挥降胆固醇作用的关键因素。

1. 抗氧化活性

荞麦的抗氧化活性在人群和动物实验中均得到证实。人群研究数据表明，荞麦中添加蜂蜜（1.5 克/千克蜂蜜）或富含荞麦的面包均能显著提高受试者的抗氧化活性。动物实验也发现给予模型动物含荞麦粉、荞麦壳或其他荞麦副产品的食物，能有效增加抗氧化活性，抗氧化指标如超氧化物歧化酶（SOD）、过氧化氢酶（CAT）、谷胱甘肽过氧化物酶（GSH-Px）含量均显著增加，而脂质过氧化物指标如硫代巴比妥酸活性物质（TBARS）、丙二醛（MDA）、荧光物质（FLS）水平则显著降低。细胞实验也发现荞麦能促进细胞内过氧化氢和超氧阴离子自由基的产生。燕麦的抗氧化活性主要与其所含多酚有关，尤其是芦丁。

2. 降胆固醇

胆固醇摄入高会导致机体氧化应激增强和血脂水平的升高，表现为低密度脂蛋白（LDL）和氧化低密度脂蛋白（oxLDL）的升高，进而增加动脉粥样硬化的风险。体内和体外试验均表明荞麦壳通过降低机体胆固醇水平,继而发挥保护心血管作用。在内蒙古地区开展的大样本人群调查显示,吃荞麦的人群总胆固醇(TC)、LDL 显著低于吃玉米的人群。对健康人群进行干预后,发现荞麦摄入能有效降低 LDL 和过氧化物酶(POD)。动物实验发现荞麦蛋白能有效降低模型鼠的 TC、LDL 和总甘油三酯(TG),同时升高高密度脂蛋白(HDL),原因可能是荞麦蛋白影响机体经粪便对胆汁酸和中性甾醇的排泄。荞麦提取物也能有效改善机体胆固醇代谢,降低小肠对饮食中胆固醇的吸收。

3. 降糖

荞麦作为升糖指数(GI)低的食物,能有效预防糖尿病。给予健康人含 50% 荞麦制作的面包,发现餐后血糖和胰岛素产生均显著降低。糖尿病患者摄入荞麦后,餐后 2 小时血糖也出现明显的降低。荞麦之所以能有助于血糖控制,与其食用后有明显饱腹感进而减少能量摄入有关。此外荞麦富含膳食纤维,能有效促进机体胰高血糖素样肽-1(GLP-1)和抑胃肽(GIP)的分泌,进而促进周围组织对葡萄糖的摄入并缓解胰岛素抵抗。除此之外,动物实验也证实荞麦中所含 D 手型肌醇、芦丁、槲皮素在降糖过程中发挥重要作用。

4. 抗肿瘤

人群研究的数据表明,经常食用荞麦能降低肺癌的患病风险。荞麦中所含诸多活性成分如芦丁、槲皮素等具有抗氧化的作用,有助于降低 DNA 的氧化损伤。动物实验也表明,荞麦提取物可降低血清中雌二醇含量,进而能够减缓乳腺癌和结直肠癌等激素依赖性肿瘤的疾病进展。同时荞麦中所含的黄酮、多糖、凝集素等,可以发挥抗氧化活性,能有效抑制肿瘤细胞的生长和分化。

5. 抗炎

机体慢性炎症和糖尿病、心血管疾病、肿瘤等密切相关。细胞实验表明荞麦多酚提取物能显著改善细胞的炎症状态,降低炎症因子的表达。动物实验也进一步证实了,荞麦饮食干预后,模型动物炎症指标如白介素-1、白介素-6、肿瘤坏死因子 α 等得到显著降低。荞麦中所含酚酸和黄酮是其发挥抗炎作用的关键物质。

三、工业化荞麦加工产品

我国荞麦产业发展比较落后,与加工工艺较为简单、单品档次不够高、消费者接受程度相对较低有关。荞麦的工业化加工产品主要包括荞麦粉、荞麦米、荞麦饮料、荞麦休闲食品、荞麦茶等。

荞麦粉是将炒熟的荞麦籽粒经磨粉制成,主要在餐馆和家庭消费。加工过程中容易出现卫生指标差、保质期短、籽粒加工特性差等缺点。荞麦米是成熟荞麦籽粒经清选、分级、脱壳、筛分等加工处理后的制品,根据原料和产品用途可分为荞麦米、烤荞麦米、熟制荞麦米、苦荞米等。荞麦米主要用于熬粥、米饭或进一步碾皮磨制面粉,而烤荞麦米、熟制荞麦米主要是出口到俄罗斯、乌克兰等国家。荞麦米加工存在原粮品种杂、可供制米的品种少,籽粒大小不均,杂质含量高等缺点。荞麦还可用于制作乳饮料、纤维饮料、固体饮料和酒精饮料。目前市面的荞麦饮品主要有荞麦醋、荞麦白酒、荞麦茶等。荞麦采用挤压膨化技术加工后的产品结构膨松,质地松脆,食用方便,易于消化,各种荞麦挤压膨化食品和能量棒在市场上较受欢迎。荞麦茶是 20 世纪 90 年代初开发的苦荞功能饮品,包含以苦荞麸皮等富含芦丁的荞麦原料加工炒制的籽粒茶,或经复配加工的袋泡茶等。苦荞富含黄酮,加工炒制的苦荞茶冲泡后香味独特,市场接受度很高。

四、我国地方特色荞麦食品

（一）荞麦面条

1. 拨御面（一百家子拨御面）

河北省隆化县张三营镇原名"一百家子"。据《承德府志》及《隆化县志》记载，清乾隆二十七年（1762 年），乾隆皇帝率文武百官赴木兰围场狩猎，途经一百家子，住在伊逊河东龙潭山脚下的行宫（清康熙四十二年所建）。当天下午，行宫主事周桐向随驾太监呈报御膳安排，特命当地拨面师姜家兄弟为乾隆制作荞麦拨面。姜家兄弟从西山龙泉沟取来上好的龙泉水和面，以老鸡汤、猪肉丝、榛蘑丁和纯木耳做卤。饭菜呈上后，御前太监将饭盘银盖取下，乾隆一见眼前的拨面洁白无瑕，条细如丝，且清香扑鼻，顿开食欲，连吃两碗，并一再称赞此面"洁白如玉，赛雪欺霜"，还当即吟诗一首："罢围依例犒筵加，施惠兼因答岁华。耐可行宫逢九日，雅宜应节见黄花。朱提分赐一千骑，文绮均颁廿九家。苏对何妨频令预，由来泽欲不遗遐。"又命御前太监赏赐姜家兄弟白银二十两。从此，拨面改名"拨御面"，一百家子白荞面名声大震。

拨御面的制作方法是首先将荞麦中的砂子、尘土等杂质挑净；用石头吊磨将荞麦皮除掉，并将磨出的荞麦米单独放在一处；用簸箕簸去荞麦米中的皮、杂质，使荞麦米洁净无尘；将荞麦米拌上净水闷 2～4 小时，达到手攥成团，手松即散的程度；用吊磨把荞麦面磨出，然后加工过箩。经过多次加工，去粗取精，每 50 千克荞麦仅能出白荞面 20 千克左右。之后，将荞麦面的一部分用滚开水烫过、和好，另一部分则用冷水和匀。在烫法上，春、夏、秋、冬四季各有不同，春秋季需

烫 3/5,夏季只烫 1/4,冬季则需烫 2/5;然后将面揉成一团,饧 10 分钟以上;把面放在拨面板上,面板的一端顶住滚水锅沿,用拨刀向滚水锅中拨面。拨面时,腕子用劲,要求快、准、均、细。然后制卤,用老鸡汤、猪肉丝、榛蘑丁、木耳做卤,浇在拨面上即可。

2. 敖汉拨面

敖汉拨面是内蒙古赤峰敖汉旗的特色美食,是以敖汉产的荞麦为原料,经轧碾后和成面,放在长条形面案上,用特制的两端有把的刀挤切,直接下锅煮熟,捞出浇上卤汁,口感润滑而富有筋性,味道甚美。

敖汉拨面的制作方法是首先将荞麦面用凉水和好,揉成面团,面要和得硬一些,必要时需掺些白面,因为荞麦面缺乏面筋,没有韧劲;和面的关键是面和好后不能长时间停放,否则拨出的面发脆,煮出的面就会碎。然后擀面,烧开一锅水后,把面板放到大锅边上,面板长宽为 55 厘米×30 厘米,一侧放在灶台上,略低于锅沿,用腹部顶住面板的一端,一头顶在锅沿,一头顶在腹部,将和好的面团置上,擀成 1厘米厚、20 厘米宽的面片。接下来是拨面,用拨面刀在面板上挤出一根根面条,边挤边拨入滚开的水中煮熟。拨面讲究"宽汤",也就是煮面的锅要大、水要多。此外煮面的汤会逐渐发黏,所以煮面时还得不停地"换汤",也就是倒掉发黏的面汤换上清水才能继续煮。将煮熟后的面条捞到碗里,浇上卤子后即可食用。常见的卤子主要有:红咸菜卤子(即用自家酱缸里腌的芥菜疙瘩配上肉丁)、羊肉、酸菜+猪肉、豆腐、鸡蛋+韭菜、茄子+羊肉、芹菜+羊肉等。

3. 凌源拨面

凌源拨面是辽宁省朝阳市凌源的著名特色小吃,在周边地区很有影响。"拨面"又叫"簸面""簸剥面",是用簸箕舌头切成的荞麦面

条。凌源拨面被世人誉为"面条王后"。

凌源拨面的制作方法是将荞麦面用热水和成面团,擀成饼;早期用簸箕的"舌头"(簸箕沿),现在用铁制双面刀,将荞麦面饼切成条,切好后放入开水锅中,煮3～4分钟后捞出,撒上鸡肉丝即可食用。

4. 剁荞面

剁荞面(图3-1)是闻名于陕北的一种汉族风味小吃,也是陕北人待客、逢年过节和有喜庆事情必吃的一种美食。

图3-1 剁荞面

剁荞面的制作方法是先将和好的荞麦面揉成一个面团,放在面案中间稍靠后,然后用擀面杖将面团的一部分擀开,擀得稍厚一点,然后两手握刀,由前向后剁。每剁一次,算作一刀面,再煮进锅里。剁荞面,贵在一个"剁"字,刀落面案"噔噔噔噔"急如雨点,面条翻动,若银丝飞舞,是陕西美食一绝。

5. 荞面饸饹

饸饹,因多用荞麦面制成,比较固定的叫法是荞面饸饹(图 3-2)。据考证,此食物在元代已经有了。元人王桢著的《农书·荞麦》节中有"北方山后,诸郡多种,磨而为面或作汤饼,谓之河漏。""河漏""饸饹",两者无论按普通话还是陕西腔在读音上都很相近。荞麦亩产不高,但制成的饸饹却很惹人爱,色泽黑亮,入口筋顽,越嚼越香。因而几十年前西安的巷子里就有一句俚语"荞面饸饹黑是黑,筋韧爽口能待客。"

图 3-2　荞面饸饹

荞面饸饹是陕西省及河南省著名的汉族面食小吃,被誉为北方面食三绝之一,与兰州拉面、山西刀削面齐名。比较出名的有南七荞面饸饹(渭南南七荞麦饸饹)及蓝田荞面饸饹等。饸饹其制作工艺是用一种特制的饸饹床,将荞面压成细而长的圆状条面。传统"饸饹床"为木制,是把一块窄而长的厚木板,中间掏一个圆洞,洞底装一片多孔的铁片,木板的下面装有木腿,便于支在锅上。厚木板的顶端连着一根长木棍,上面装着一根直径略比圆洞小一点点的圆木桩。现代制作方法首先将荞麦面、食用碱和食盐按一定比例和匀,将面团揉到面团摊开来,四周的边儿能往里卷,之后饧面,将饧好的面再次揉筋道,接着把面团按需要分成拳头大小的剂子,放在面盆里备用。制作饸饹面时,把和好的荞面团搓成圆条放入圆洞内,按动木棍用圆木桩挤压,面从铁片的小孔中被挤出,直接落入滚水锅内。煮熟后,就成了细长光滑的饸饹面。

6. 吴庄饸饹

据《村碑》和《吴氏族谱》记载:浚县吴李甘寨村吴姓始祖,于明永乐年间自山西洪洞县迁至浚县城北 6.5 公里处定居。吴氏祖上乃饸饹制作世家,移民来到浚县,家族和技艺一并落地生根,代代传承。随着山西四次移民,浚县明嘉靖二十一年(1542 年)县知事蒋虹泉征民夫在浮丘山巅,建碧霞元君行宫。历时 21 年,碧霞宫建成。此后以碧霞宫为载体的浚县正月古庙会兴起,促生了浚县饮食业的迅猛发展。仅吴氏一族就有饸饹、状馍、肉盒等多样小吃,每逢庙会几乎全村出动,生意非常兴隆。旧有歌谣"上山饺子下山面(饸饹),老奶送你保平安,尝尝吴庄饸饹,来年不缺馍馍"。先前挑担沿街叫卖饸饹的吴氏先人,从此在浮丘山下山处支起了饸饹锅。庙会期间饸饹锅的摊位总是设在下山处,这样的场景一直延续至今。

吴李甘寨村位于河南省鹤壁市浚县城北 6.5 公里,村中吴氏家族经过 18 代人的传承和改进形成了独特的饸饹制作工艺。2015 年被鹤壁市文化新闻出版局收录为第四批鹤壁市非物质文化遗产代表性项目。

吴庄饸饹的制作方法是首先将榆树皮风干凉透,去掉老皮,保留内皮并磨成粉;荞麦粉中混合一定比例的小米粉和榆皮粉,搅拌均匀

和成面团;用饸饹床轧出面条,直接入沸水锅中煮熟即可。

（二）荞麦凉粉

1. 织金荞凉粉

在织金,曾有一个传说。讲的是平远(今织金)有一知府,因常年办公劳累,整天感觉昏昏沉沉,茶饭不思,旁边的师爷看了十分心疼。一天,侍从闲聊,说城东有一人家,卖的荞凉粉十分可口,很有名气。师爷听罢,立即派人去买了一碗来尝尝。说也奇怪,这知府才吃了一口,就欲罢不能,越吃越有滋味,三下五除二很快就把一碗荞凉粉吃得干干净净,最后还觉着不尽兴。第二天,知府又吃了满满一大碗。一连三天后,知府竟然精神焕发,食欲大增,昏昏沉沉的症状不见了,恢复如初。知府喜不自禁地说:"这荞凉粉不仅味好,还能治病啊!"为感谢这做荞凉粉人家的功劳,知府特派师爷去邀请这户人家的大儿子来衙门当差。"当不了勒,当不了勒!"这家大儿子对此连连摇头,憨乎乎地笑着说,"我斗大字不识一个,当不了官家的差事,只喜欢在这卖荞凉粉喽!"知府听完点了点头,心中一乐,便脱口而出:"那就送你荞麦二十斗,让你在家当个荞凉粉王吧!""好勒,好勒!"这小伙乐得喜笑颜开。这事传开以后,许多人都登门来拜师,学做荞凉粉手艺。后来,这家大儿子果然成了远近闻名的"荞凉粉王"。

织金荞凉粉(图 3-3)是贵州毕节市织金县的特色小吃。贵州各地均有荞凉粉,但以织金荞凉粉最具特色。织金荞凉粉分"心"和"皮"。"皮"就是面上的一层,因为是凝结而成的原故,所以比"心"硬,颜色也深,不过味道更浓一些,"心"是皮下的部分,厚实软滑,味道清香。荞凉粉食用时,先用布满小孔的刮子将其刮成细长丝,相互交叉放入一小碟子里,再用另一小碗做成蘸水,之后即可食用。荞凉粉的蘸水佐料丰富,十分讲究,其中最不可缺少的就是织金当地自制的霉豆腐,可以说这是荞凉粉蘸水的"灵魂"。此外还可以配合干炒的黄豆、葱花、生辣椒面、麻油、花椒油、姜汁、蒜水、味精等若干调料,这些都是一碗好的蘸水所必不可少的。

图 3-3　织金荞凉粉

织金荞凉粉的制作方法是将荞麦(甜荞)去壳干磨成粉,按 1 : 4 的比例加水和明矾水调匀,下锅用微火慢慢边煮边搅,煮熟后冷却即成。食用时翻倒出来放在案板上,用特制的刮子把荞凉粉刮成细长条装在盘子里,另一小碗放入酥黄豆、酸萝卜丁、黑大头菜丁、芫荽、葱花、红油、麻油、花椒油、自制腐乳、酱油、醋、姜汁、蒜水、味精等调料兑成蘸水,荞凉粉蘸着食用。

2. 蒙古凉粉

蒙古凉粉原为清宫中的小吃。康熙年间和硕端静公主下嫁喀喇沁王后,先传入当地蒙古上层人家,作为夏季消暑冷食,后又传入民间,并以此为高雅之事,故又称为"蒙古凉粉"。

蒙古凉粉的制作方法是以荞麦为原料,经碾轧、过箩等工序,以清水和成糊状,放在锅里煮,待稠时舀出,摊于案板上冷却。吃时,用一种薄铁片斜下穿孔一层层向下刮,则成一根根长条,盛入碗内浇酱油、醋、芝麻酱及葱丝、芥末等佐料,并点一两滴香油即可食用。

3. 苦荞面凉粉

苦荞面凉粉(图 3-4)是山西灵丘独特的汉族传统小吃,以其独特的地方风味久负盛名,誉满晋北,民间叫"出凉粉"。苦荞凉粉呈黄绿色,吃起来筋道、滑润、爽口、略苦,一年四季都可食用。

图 3-4　苦荞面凉粉

苦荞面凉粉的制作方法是将苦荞粉放入盆里,边倒水边搅动,搅至半稠半稀的糊状。在锅里烧开水后,将已搅好的面糊慢慢往开水锅里倒,边倒边搅,锅底的火不应停,但注意不能太大,以免焦糊,待全部倒完后,继续烧开煮熟。然后用木勺或木拐踩搅,直至全部踩匀筋道。用勺子舀到碗或盘子里晾凉后倒出来,成为凉粉坨儿。另一种晾凉的办法是将滚熟的凉粉糊涂抹在盆帮上,待冷却后划成小块,一片儿一片儿地片下来。食用时用刀切碎,浇上备好的佐料以及齐全的盐水即可。

4. 彬县荞面凉粉

陕西省咸阳市彬县地方风味特色小吃,曾获"西安咸阳旅游名品"称号。

彬县荞面凉粉的制作方法是将荞麦糁子拌入微量水湿润 15 分钟,使其变软。然后把潮湿后的荞麦糁子反复搓揉,拌匀后搁置 9 小时左右。在锅内加入约荞麦糁子 7 倍的水烧开,加入适量碱面,将荞麦糁子倒入锅内加热 1 小时后,出锅晾凉,即成凉粉。将晾好的凉粉用凉粉专用搂子搂成丝,加入盐、醋、蒜末、味精、辣椒油、酱油等调料即成清凉爽口的风味小吃。凉粉也可切成条状食用,也可以用平底锅热炒食用。

5. 寿阳荞面凉粉

山西省晋中市寿阳县周边适宜种荞麦,因此荞面凉粉在寿阳一带是夏季的传统风味凉面之一。

寿阳荞面凉粉的制作方法是将锅里的水烧开,新荞面一把把撒进去,成略软和的糊糊状,边搅边小火焖熟。然后,用铲子均匀地涂抹在放了凉水的瓮子上,晾凉后用刀把凉粉切成细条或小块,浇上用葱、姜、蒜、辣子熬制的凉酸汤即可食用。

6. 陇东凉粉

陇东凉粉(图 3-5)为甘肃陇东特色美食,是以荞麦仁儿(不是荞麦面粉)为原料制成的。

陇东凉粉的制作方法是将荞麦仁儿用水泡软,装在干净的布袋中,放在水盆里搓洗;将搓出的面水倒入锅内烧开,盛入盆内晾凉,等待白色的面糊冷凝成白色半透明、晶莹透亮且富有弹性的果冻状物,然后切块,或用特制的凉粉搂子刮成长长的细凉粉条儿,加盐、酱油、醋、辣椒油、油炸蒜泥等调料即可食用,光滑鲜香,清爽可口,是夏季消暑、开胃的最佳食品。

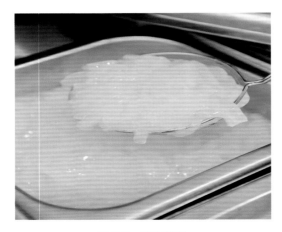

图 3-5　陇东凉粉

(三)其他特色荞麦食品

1. 荞麦老鼠

荞麦老鼠(图 3-6)俗称米筛爬,是浙江浦江传统名小吃之一,因其形似小老鼠故得名。

荞麦老鼠的制作方法是将和好的荞麦团用切刀切成数段,搓成大拇指粗的面条,之后拿着粗面条捏一段寸许的小面团,以中、食二指按压面团,在米筛上按卷成中空,即成"满背筛花,腹内两疤"的小老鼠。荞麦老鼠好吃的秘诀是首先要选好水分充足的萝卜,切成丝状,再选上好的牛肉切丝,将萝卜丝和牛肉加猪油翻炒,萝卜和牛肉的香味出来之后,放进荞麦老鼠,加水煮,最后再放上葱花、生姜等调味料出锅。

图 3-6　荞麦老鼠

2. 荞麦面扒糕

荞麦面扒糕(图 3-7)是汉族传统夏季风味食品。流行于北京、河南、河北等地。有北京扒糕、河北省晋州市常营扒糕、河北深泽扒糕、河南安阳楚旺扒糕、河北石家庄行唐扒糕等,做法大同小异。扒糕是用荞麦面和榆皮面做成的小圆坨,大小如烧饼。蒸熟后,夏天放在冰上镇着,谓之冰镇扒糕;冬天则放在炉铛上,加油炒热,谓之热炒扒糕。《燕都小食品杂咏》中称:"色恶于今属扒糕,拖泥带水一团糟。嗜痂有癖浑难解,醋蒜熏人辣欲号。"还说扒糕的颜色灰黑,"见之欲呕"。扒糕的颜色虽不好看,但很多老北京人仍钟情于扒糕,主要是因为扒糕的原料荞麦有很大的营养价值。

河北深泽扒糕的制作方法是将凉水加盐倒锅内烧开,将荞麦面倒入,快速搅拌均匀,面糊的稀稠程度决定了扒糕的口感。面糊搅成团后过凉水,将面团用手蘸凉水拍成圆饼形,用小刀切成条状入碗,浇以酱油、辣椒油、醋、蒜汁,放和好的芝麻芥末糊、咸萝卜丝,即可食用。

北京扒糕的制作方法是往荞麦面里放少许盐拌匀,用热水和成软面团(还可以把水煮开倒入面粉搅拌烫熟,然后把面团投入凉水盆中用手攥成面饼,凉透后切条拌食)。把面团放入盘或碗里按平。罩上保鲜膜上笼蒸20分钟。蒸熟后取出晾凉,然后用刀切成条码入盘中,里面放入胡萝卜丝,浇上用芝麻酱、芥末酱、酱油和醋混合的酱料,再浇上辣椒油、蒜汁,最后撒一点香菜末拌匀便可食用。

图 3-7　荞麦面扒糕

3. 碗坨

碗坨(图3-8)又叫碗团、碗脱、碗托、碗秃。碗坨是多地区的特色小吃,流行于陕北、山西、天津、内蒙古、辽宁等地。多以荞麦为原料,所以也叫荞麦碗坨,有榆林碗坨、承德碗坨、保德碗坨、喀左碗坨、佳县碗坨等。山西有三个地方的碗坨是比较有名的,晋中地区平遥县的碗坨、吕梁地区柳林县的碗坨和忻州地区保德县的碗坨。柳林碗坨和保德碗坨是以荞麦面为原料,平遥碗坨则是以小麦面粉为原料制作。

　　此外，在山西省祁县、太谷、榆社、文水一带碗坨也称为"荞麦灌肠"或"黑皮麦团"。之所以称为灌肠，是由血肠演变而来。猪血灌入肠衣煮熟叫"血肠"，后来在血中掺入荞面灌入肠衣上笼蒸熟也叫"血肠"，再后来只用荞面糊灌肠，发展到现在只有荞面，既没有血也没有肠了。

图 3-8　碗坨

　　山西碗坨的制作方法是先将荞麦粉和小麦粉按 1∶3 的比例倒入和面盆内。用筷子将两种面粉充分搅拌均匀。然后加入适量的食盐、姜粉，用凉水先拌成硬面絮，然后稍加冷水，拌成较软的面絮。另起锅煮适量姜片和八角约 10 分钟，冷却后作为调料水。向面絮中分次倒入少许调料水，用筷子将边缘的面絮向里搅动，使面粉吸收水分完全与水融合，形成雪花状的面絮。右手张开，用力抓握雪花状的面絮。将所有面絮揉捏在一起成面团。继续用手揉制面团，直到面团光亮、不粘盆、不粘手（即所谓的"三光"）。

　　用手指在光滑面团的中间按压一个小洞。舀 1 汤匙调料水，淋在小洞里。用手提起面团的边缘，向小洞位置折回。面团边缘包裹住小洞里面的水，用手揉制面团，揉面的过程中面团遇水分而成湿性,揉制时会粘盆粘手。反复揉搓,水分会逐渐减少,直到面团充分吸收水分,又会变成"三光"面团,此时的面团较柔软,湿气大。再用手指在光滑面团的中间按压一个小洞,倒入调料水,再揉制面团,如此反复几次。经过多次的"加水—揉制—加水"的过程,面团渐渐失去筋性,直到不成型的面团全部溶于水中,形成面浆。

用手在面浆里抓一下,当看到有没有溶于水的大块的面疙瘩时,不再往盆里加水,而是继续用手在面浆里抓揉面疙瘩。直到面疙瘩全部溶于水,形成稀糊糊的面浆,没有任何疙瘩状的面为止。用筷子将面浆朝一个方向搅打数次,使面糊上劲,放在一边静置,饧 30 分钟。

蒸锅加水,先将浅口碗蒸热。取出碗,倒入饧好的面浆,在碗上面遮盖一层保鲜膜,将碗重新放回蒸锅内,盖盖,大火蒸制 20～25 分钟。碗内的面浆颜色由白变深,面浆表面凝固,趁热立即取出碗,放在一个盛有冷清水的盆内过凉。用不锈钢汤匙的手柄端在碗与面团的缝隙处,轻轻划一下。把面团倒扣在一个直径大一点的盘内。晾凉以后即成。食用时,用小刀将它划开,浇上醋、蒜等调味料即可。

承德碗坨的制作方法是将荞麦面用猪血揉成面浆,加热熬成粥糊状,晾凉以后即成。食用时,将它切成薄薄的三角块,在油锅中煎透,盛入碗内,浇上芝麻酱、蒜汁、陈醋、盐、味精等佐料,用竹签扎着吃。

天津蓟县碗坨的制作方法是将荞面糁子倒入盆内,洒凉水少许,渗约 10 分钟,倒在面案上略擀一会儿,再入盆逐渐添凉水,用拳头揣成糊状,用细箩过滤面浆。然后将面浆倒在碗内,旺火蒸 10 分钟后,用筷子搅动一下蒸的面浆,再蒸 10 分钟,出笼晾凉。吃时用小刀将碗坨儿划成菱形块,将调好的醋汤加辣椒面或者是芝麻酱倒入碗内,用小竹棍尖挑食。

4. 圪凸

圪凸,是陕西方言,也叫荞面圪坨,是陕西特色小吃。陕西有两句信天游唱到"荞面圪坨羊腥汤,死死活活相跟上",用陕西的食物比喻坚贞不渝的爱情,别具一格。圪坨型似猫耳朵,一般用荞麦面、豌豆面和小麦面等混合制作。

圪坨做法简单。其制作方法是将普通面粉与荞麦面粉以 2∶1 的比例放入面盆中,用筷子搅拌均匀,用手揉合成表面光滑的面团,盖湿布(或保鲜膜)饧 20 分钟;将和好的荞面团搓成指头粗细的条,再用一只手在面条上揪下一点面,用拇指尖在另一只手掌上一搓,捻成小拇指大小的卷儿,下到开水锅里煮熟即可。通常与羊肉汤一起食用。

5. 彭水荞面豆花

彭水荞面豆花的制作方法是将荞麦面和成面团,揉成比普通面条粗一些的面条,入锅煮熟。豆花煮熟盛装在碗内,上面盖上煮熟的荞面。用酱海椒、味精、盐、花椒、姜末、蒜水、葱花等做成一碟佐料,食用时用筷子将荞面和豆花挑进小碟内,边蘸佐料边吃。

6. 荞面蒸卷

荞面蒸卷是辽宁阜新当地的一种特色美食。

荞面蒸卷的制作方法是将荞面粉放入盆内,加沸水搅匀,揉至光滑,再将面团擀成薄厚相等的长方形,抹上一层熟油,把调制好的肉末撒在上面,卷成长条状,用刀切成随意形状。放入葱花的叫葱花卷,放入香菜的叫香菜卷,放入火腿的叫火腿卷,以此类推。

7. 安顺荞窝窝

安顺荞窝窝(图 3-9)是贵州安顺西秀区的特产。用甜荞面加工而成,色褐亮、香甜、软糯。

安顺荞窝窝的制作方法很简单,把适量的甜荞面和糯米粉混合拌匀,将开水慢慢混合调匀,然后加入鸡蛋、白糖、苏打粉,使劲将面揉匀,面揉得越匀越有弹性,蒸出来的窝窝头口感就越好。面揉均匀后,分成大小差不多的面团,将面团搓成圆锥形,再在面团下面用大拇指顶出一个窝,这样的做法,主要是让窝窝头受热均匀,熟得快,最后将做好的面团放入蒸笼里蒸 10 分钟左右即可。其色褐亮,香甜、软糯的口感深受男女老少喜爱。

图 3-9 安顺荞窝窝

8. 苦荞粑粑

云南迪庆地区及四川凉山地区的彝族、傈僳族传统主食之一。苦荞是云南高寒地区出产的一种粗粮,在彝族心目中是五谷之王,昭通苦荞粑粑较为出名。彝族的待客方式也体现在苦荞粑粑上。把苦荞面捏成圆圆的一片埋入火炭灶灰里烤熟,是彝族人一般的待客仪式;如果做成三层苦荞粑粑,则是彝族人心目中最尊贵的客人才享受得起的崇高待遇。

昭通苦荞粑粑(图 3-10)的制作方法是把苦荞面与水调成稀糊状,先将 1/3 的苦荞面糊倒入热锅里烙;待苦荞面糊凝固后,把苦荞粑粑翻过来,再把 1/3 的苦荞面糊倒在烙熟的那面苦荞粑粑上,如此重复三次,最后盖上锅盖,直到苦荞粑粑做熟。

图 3-10　苦荞粑粑

9. 荞面包子

荞面包子是云南高寒山区居民的一种食用荞麦的方法。

荞面包子(图 3-11)与小麦面(制作的)包子的制作方法没有大的区别,就是将苦荞粉加水、糖、酵母、泡打粉、熟猪油和匀,下剂包入由火腿、面粉、糖、熟猪油制成的馅,入蒸笼沸水旺火蒸熟。

图 3-11　荞面包子

10. 荞面搅团

关于搅团,传说诸葛亮当年在西祁(今陕西岐山县)屯兵时,久攻中原不下,又不想撤退,士兵清闲无事,就在那里大力发展农业,以供军粮充足。为了缓解军队士兵的思乡之情,于是诸葛亮就发明了这道饭食。不过那时它的名字不叫搅团,而是叫水围城。清乾隆年间宁夏地区曾把荞面搅团作为贡品敬奉皇上。

搅团是中国西北地区著名的汉族特色小吃,是用杂面搅成的浆糊。根据主要用料的不同,分为荞面搅团、玉米搅团和洋芋搅团。荞面搅团(图 3-12)是用荞麦面粉轧制而成的,在西北地区,搅团的吃法有很多种,有水围城、漂鱼儿,陕北还有烩搅团、炒搅团和凉拌搅团等多种吃法。

图 3-12　荞面搅团

荞麦搅团的制作方法是将荞麦面放入锅中,加入凉水搅拌成稀糊状。然后开小火,拿擀面杖照一个方向一直不停搅拌,使荞麦面糊逐渐变稠,直到搅不动为止。将其取出拌上植物油,加上用肉丝、葱花、香菜、辣椒、青萝卜片等调制的鲜汤菜,佐以蒜片或蒜末,加入醋、香油等调料后,即可食用。

11. 荞麦果

荞麦果(图 3-13)是江西省上饶地区的一种传统民间食品,在弋阳地区被广泛食用。

荞麦果的制作方法是将 2 份小麦粉与 1 份荞麦粉混合均匀后,分次加水揉成面团,饧面约 1 小时后,揪成剂子,如包饺子一般包上事先准备好的馅料,上锅蒸熟,即可食用。

图 3-13　荞麦果

# 第四章　燕麦

　　燕麦又称雀麦、野麦子、油麦、玉麦，是燕麦属（Avena L.）一年生草本植物，隶属于禾本科（Poaceae Barn.）早熟禾亚科（Pooideae Benth.）燕麦族（Aveneae Dumort.），约有 30 个分类种，其中栽培种有 5 个，分别是二倍体种砂燕麦（Avena. strigosa Schreb.）、四倍体种埃塞俄比亚燕麦（Avena. abyssinica Hochst.）、地中海燕麦（Avena. byzantina Koch）、六倍体普通栽培燕麦（Avena. Sativa L.）和大粒裸燕麦（Avena. nuda L.），其余为野生种。燕麦按籽粒带稃与否分为皮燕麦（hulled oat）与裸燕麦（naked oat）两类。

　　莜麦即大粒裸燕麦（Avena nuda L.），是禾本科（Gramineae）燕麦属（Avena L.）的一个独立物种。大粒裸燕麦在我国别名很多，在华北地区被称为"莜麦"；西北地区称其为"玉麦"；西南地区称其为"燕麦"或"莜麦"；东北地区称其为"铃铛麦"，还有一些称呼如"草麦""油麦""龙麦""乌麦"等。

一、种植起源和种植产地

（一）燕麦的起源

　　燕麦的种植起源主要有 4 个地区，中国西部是裸燕麦起源地；地中海北岸、伊朗高原一带和东非埃塞俄比亚高原均属于皮燕麦起源

地。据考证,裸燕麦起源于我国,种植历史有 2 000 年之久。内蒙古武川县是世界燕麦发源地之一,被誉为中国的"燕麦故乡"。燕麦在古籍中多有记载。《尔雅·释草》中称之为"蕎",《史记·司马相如传》中称之为"䅟",《唐本草》中称之为"雀麦"。此外,《救荒本草》和《农政全书》等古籍中也均有记述。燕麦在我国栽培历史悠久,唐代刘梦描绘"菀葵燕麦,动摇春风",可见在古代燕麦已有广泛种植基础,尤其是华北北部长城内外和青藏高原、内蒙古、东北一带牧区或半牧区。我国长城内外的山西朔州以及陕南秦巴山区高寒地带,因其气候凉爽的特点,自古就广泛种植燕麦。《唐书·吐蕃传》中记载青藏高原一带种植一种裸燕麦,可见我国古代燕麦种植范围之广泛。

(二)燕麦的主要产地

燕麦喜湿,对水分条件要求较高,裸燕麦耐旱性略好,而耐寒性较差。燕麦对土壤要求不高,对土壤酸碱度也不敏感,能在硫酸盐含量较高的土地上生长,但耐碱性较差;一般在酸碱度 5～8.5 的土壤中能良好生长。目前,全世界燕麦种植面积在 1 300 万公顷,主要种植国家有俄罗斯、加拿大、美国、中国、澳大利亚、波兰及荷兰等。我国主要种植裸燕麦,种植范围 80% 分布于华北地区的山西、河北及内蒙古等区域,其中种植面积最大的是内蒙古自治区。燕麦在我国种植面积一度达 170 万公顷,随后呈现逐年下降的趋势。随着我国西部地区退耕还草政策的持续实施,以及燕麦保健功能逐步受到人们的重视,2006 年以后燕麦种植面积开始逐年上升,到 2010 年,种植面积已达 70 万公顷,年产量达 85 万吨。

二、燕麦的营养及功能

(一)燕麦的营养

燕麦中的营养物质含量丰富,蛋白质含量为 15.6%,是大米、小麦的 1.6～2.3 倍。燕麦中的蛋白质组成结构和其他谷类明显不同，比例最多的是球蛋白（55%），其次是谷蛋白（20%～25%）和醇溶蛋白（10%～15%），而清蛋白比较少（5%～10%）。燕麦蛋白含有 18 种氨基酸，包括人体必需的 8 种氨基酸，其中赖氨酸含量较高，是大米、小麦的 6～10 倍，因此经常食用燕麦能有效缓解我国传统膳食导致的"赖氨酸缺乏症"。燕麦中脂肪含量约为 8.5%，为小麦的 4 倍左右，主要集中在燕麦仁中，90% 以上分布在麸皮和胚乳。燕麦油脂中，棕榈酸、油酸、亚麻酸和亚油酸占总脂肪含量 95% 以上，此外，还含有月桂酸、棕榈油酸、花生四烯酸、二十碳不饱和脂肪酸及微量木蜡酸和神经酸等。燕麦中含有丰富的 B 族维生素和维生素 E。其中，约含硫胺素 5.5 微克/克、核黄素 2.0 微克/克、维生素 E 150 微克/克，此外还含有叶酸、胡萝卜素。但燕麦缺少维生素 A 和维生素 C，煮熟后其含量更低。燕麦中钙和铁的含量为 690 微克/克、96 微克/克，分别约是大米的 5 倍和 8 倍。燕麦中还富含硒，含量高达约 6.96 微克/克，约是大米的 34.8 倍、小麦的 37.2 倍，居于各类作物之首。燕麦中的食用纤维是由多糖化合物（燕麦胶、果瓜尔胶等）和木质素组成，含量高达 17%～21%，其中可溶性膳食纤维（主要是葡聚糖），约占总膳食纤维的 1/3，是大米和小麦的 7 倍。燕麦加工后，膳食纤维含量仍然很高。燕麦 β-葡聚糖主要集中在燕麦籽粒胚乳和糊粉层细胞壁，占比高达 85% 以上。此外，燕麦中还含有丰富酚酸类物质，主要包括阿魏酸、香豆酸、咖啡酸、香草酸、水杨酸及其派生物。燕麦中约含游离的酚酸酯 8.7 毫克/千克，水溶性的酚酸酯 20.6 毫克/千克，而不溶性酚酸可达到 57.7 毫克/千克。燕麦中还含有燕麦碱和其他谷类都缺乏的皂苷素（燕麦皂苷）。

（二）燕麦的功能

1. 降血脂

燕麦中富含多不饱和脂肪酸，占总脂肪酸含量的 80% 以上，其中油酸和亚油酸含量最高,对降低血清总胆固醇(TC)和低密度脂蛋白(LDL)有明显的作用,同时能升高高密度脂蛋白(HDL),但对总甘油三酯(TG)作用不明显。多项人群干预试验表明,燕麦摄入能降低2%～19%总胆固醇、4%～23%低密度脂蛋白,升高4%～11%HDL。燕麦之所以能降低机体胆固醇水平,是因为亚油酸能与胆固醇结合成酯,进而降解为胆酸排出体外。此外,燕麦中含有的大量可溶的β-葡聚糖,含量达4%～6%,远高于其他各类作物,而精制燕麦麸皮中含量更高达16%～22%,β-葡聚糖能有效降低机体胆固醇含量,防止动脉粥样硬化。燕麦中还含有皂苷,可与植物纤维结合,促进机体内的胆固醇转化为胆汁酸,同时又能吸收胆汁酸,促使其随粪便排出体外。美国食品和药品管理局于1997年批准燕麦的医疗保健功能,规定可在食品包装上注明燕麦具有降低胆固醇、减少心血管疾病风险的作用。

2. 降血糖

燕麦中含有丰富的β-葡聚糖,人群干预试验表明燕麦或β-葡聚糖均能有效改善机体糖代谢。多项研究发现补充燕麦和β-葡聚糖虽不能显著降低糖化血红蛋白(HbA1c)水平,但有使其改善的趋势。燕麦和β-葡聚糖均能有效改善空腹血糖(FBG)水平,尤其是在糖尿病或血脂异常人群中。同时还发现燕麦能有效降低空腹胰岛素水平,但β-葡聚糖对胰岛素影响有限。除此之外,燕麦中蛋白质和膳食纤维含量较高,碳水化合物含量相对较低,因此其血糖生成指数(GI)较低,适合糖尿病患者长期食用。

3. 减肥

动物实验表明,燕麦能显著降低模型动物的体重。人群干预性研究也进一步证实了燕麦摄入能够有效降低受试者的体重、体脂指数、体脂肪、腰臀比等。燕麦中含有丰富的膳食纤维,摄入后容易产生饱腹感,进而减少能量的摄入。同时膳食纤维经肠道菌群发酵产生短链脂肪酸,进一步作用到大脑的摄食中枢,也会影响人体的食欲。此外,短链脂肪酸还能参与机体的糖脂代谢,缓解机体的胰岛素抵抗,改善脂肪代谢等,这些功效均有助于体重的控制。

4. 治疗便秘

燕麦中的膳食纤维具有吸水的作用,同时它也是肠道菌群的食物,可刺激肠道的蠕动,进而达到通便的效果。燕麦中所含的 β-葡聚糖还可以改善消化功能,促进胃肠蠕动,进而起到预防便秘的效果。

5. 抗癌

研究表明,燕麦中功能成分如 β-葡聚糖能够调节淋巴细胞、中性粒细胞、自然杀伤细胞(NK)的活性和其他天然免疫系统的功能。有研究发现 β-葡聚糖能很好降低 B_{16} 黑色素瘤的扩散速度,降低肺癌病灶的数量。在外源性抗体治疗肿瘤的过程中,补充 β-葡聚糖能有效增加抗体的抗肿瘤活性。燕麦中 β-葡聚糖还能够显著降低肿瘤细胞的活性,进而起到直接抗肿瘤的作用。此外,燕麦中富含硒,居于各粮食之首,而硒具有增强人体免疫力、抗肿瘤、抗衰老的作用。

三、工业化燕麦加工产品

燕麦的工业化加工产品主要包括燕麦粉、燕麦米、燕麦片、燕麦饮料、燕麦休闲食品等。燕麦粉是将炒熟燕麦籽粒脱壳后制成,蛋白质及膳食纤维含量较高。主要供应餐馆或家庭消费。燕麦米是近些年来出现的新的加工产品,基本包括整粒型生燕麦米、破皮型半熟燕麦米及切断型全熟强化燕麦米 3 种类型。燕麦片是市场上较为常见的产品,其产值仅次于燕麦粉。尤其是西方国家,燕麦片很早就成为重要的早餐食品。近年来,随着消费者观念的转变,燕麦片因其方便和营养的特点也越来越受到大家的喜欢。根据加工方式的不同,燕麦片可分为纯燕麦片和复合燕麦片。根据食用方法的不同,燕麦片分为快熟燕麦片和预煮燕麦片。根据原料来源和产品风味的不同,分为原味燕麦片和混合型燕麦片。燕麦还可以添加到乳饮料、纤维饮料、固体饮料和酒精饮料中。随着企业对燕麦食品的深入开发和加工,市面出现了很多燕麦饮品如燕麦啤酒、白酒、燕麦奶、燕麦茶、燕麦浆等。燕麦也广泛应用于休闲食品的开发中,在国外由燕麦挤压膨化制成的食品很受消费者欢迎。

四、我国地方特色燕麦食品

莜麦脱壳碾粉即为"莜面"。莜面制作方法多种多样,可分为5个大系列:蒸、炸、汆、烙、炒。莜面的成形方法也多种多样,如搓、推、擀、卷等。用莜面做的民间食品有:窝窝、馀馀、圪团、耳朵、条条、丸丸、海螺、二莜面、玻璃饺子、莜面饺子、插花片片、山药馀子、螺丝卷卷、凉拌莜面、素炒莜面、炒块垒、回勺莜面、煮馀子、油煎对夹、油煎合子、莜面拿糕,等等。

武川莜面产自内蒙古自治区武川县,是地理标志保护产品。相传,清代康熙皇帝远征噶尔丹,在归化城曾吃过莜面,并给予莜面很高的评价;在清乾隆年间,莜面曾作为贡品进贡给皇帝。

1. 莜面栲栳栳

莜面栲栳栳(图 4-1),在内蒙古地区也叫莜面窝窝,是山西北部高寒地区民间的家常美食,作为杂粮小吃在饭店酒楼大受欢迎。其制法、名称来历,要追溯到 1 400 年前的隋末唐初。民间相传,唐国公李渊被贬太原留守,携家眷途经灵空山古刹盘谷寺,老方丈特制了这种莜面食品以款待。李渊问："手端何物？"老方丈答："栲栳栳"。栲是植物的泛称，栲栳指用竹篾或柳条编成的盛物器具(《辞海》)。唐寅有诗云："琵琶写语番成怨，栲栳量金买断春。"看来当时方丈是以手端的小笼屉作答了。后来李渊当了皇帝，便派老方丈到五台山当住持。老方丈带领众僧赴任，路过静乐县，看莜麦初收，便把莜面栲栳栳的制法传给当地。再后来这种民间面食传遍了晋、陕、蒙、冀、鲁等地，成为北方山区人民的家常美食。民间还有一种说法，相传李世民父子在太原起兵，用的就是这种面食犒劳三军，一举建立大唐王朝，栲栳是由犒劳一词流变而来。

图 4-1　莜面栲栳栳

"笆斗"是用竹篾或柳条编制成的一种上下粗细一致的圆框，是农家专门用来打水或装东西的一种用具，形状像斗，民间也称为"栲栳"。莜面栲栳栳因其形状如"笆斗"故而得名。莜面栲栳栳也称为莜面推窝窝、莜面窝子等，是精工细作的一种燕麦食品，是莜面的代表食品之一。

在河北省张家口的张北县、赤城县、尚义县、沽源县、康保县、崇礼县,承德市的丰宁、围场,内蒙古呼和浩特市武川县,乌兰察布市凉城县、卓资县、丰镇市及察哈尔右翼中旗、锡林郭勒盟南部,山西大同市的左云县、天镇县、阳高县等地区,莜面栲栳栳都是人们喜爱的食品。

各种莜面栲栳栳的制作方法中以山西忻州的做法较为典型。向莜面中加一倍开水趁热将其揉成面团。取一小块面团用手掌在光滑的板面上推成猫舌状(长 10 厘米,宽 5 厘米的薄片),再用右手揭起搭在食指上绕一圈成筒的形状,做好后挨个竖立摆放在笼内,外形酷似蜂窝,然后像蒸馒头一样蒸熟,吃时再配以羊肉或蘑菇汤调和即可。

2. 莜面饺子

莜面饺子(图 4-2)是山西、河北北部和内蒙古特有的汉族面食小吃,又名山药饺子。一般蒸熟后现吃或烤至焦黄色再吃。

图 4-2　莜面饺子

莜面饺子的制作方法是将莜面小剂子用两个手掌捣成有凹型的面皮,包入馅料,捏成饺子的形状,上锅蒸熟即可,常蘸腌菜汤或者肉汤吃。

3. 莜面蒸块垒

莜面蒸块垒是山西大同特色小吃,是以莜面、土豆、葱为主材的菜肴名。

莜面蒸块垒的制作方法是将土豆放入锅内,加适量的水,用小火焖约半个小时,出锅后,待不烫手时将皮剥去,再用擦子(擦萝卜丝的厨具)擦碎,按 1:1 加入莜面,并加入适量的食盐,用手搓成碎块状,然后撒在铺有纱布的笼屉内,厚 5～6 厘米,盖上锅盖蒸约 10 分钟,闻到香味出锅后即可吃。吃时可以就着生葱、大蒜、腌菜。

4. 莜面鱼鱼

莜面鱼鱼(图 4-3)是内蒙古、山西特色小吃。山西方言惯用叠词,称面鱼为面鱼鱼,日久便简称为鱼鱼了。

图 4-3　莜面鱼鱼

莜面鱼鱼的制作方法是将莜面用开水和面,将揉好的面团搓成细细的长条,切成宽 1.5 厘米左右的小剂子,拿一个剂子揉圆,然后用手搓成两头尖尖中间鼓鼓的小鱼鱼形状。起锅下姜丝、蒜片爆香,加入羊排略微翻炒,然后加土豆块再翻炒 2 分钟,加入调料,加入开水盖盖炖 20 分钟,最后放入鱼鱼和青菜、葱末,两分钟后即可。也可以将鱼鱼蒸熟后拌着羊肉汤来食用。

5. 打块垒

打块垒是北京昌平、延庆地区一种莜面的吃法。

打块垒的制作方法是先将土豆、豆角切成丁,然后将玉米面、少许白面和莜面混合均匀,把土豆丁和豆角丁加入到混合面粉中,加水揉成面团,上屉蒸熟后切成丁备用。起锅内放油、葱、姜,与蒸熟切好的面团丁放入锅内同炒,2 分钟后即成。出锅后,可拌辣椒油、醋等食用,味道更好。

第五章　薏米

　　薏米（*Coix lachryma-jobi* L.）又叫薏苡仁、薏仁、苡仁、苡米、沟子米、六谷子、药玉米、水玉米（东北）、晚念珠（福建）、六谷米（广西）、珍珠米（贵州）、回回米，有的地方也称打腕子或打碗子等，为禾本科植物薏苡的种仁，是一种珍贵的药食两用资源。薏米属一年生或多年生草本植物，茎直立，叶披针形，它的子实卵形，为白色或灰白色。秆高 1～1.5 米，具 6～10 节，多分枝。叶片宽大开展，无毛。总状花序腋生，雄花序位于雌花序上部，具 5～6 对雄小穗。雌小穗位于花序下部，为甲壳质的总苞所包；总苞椭圆形，先端成颈状之喙，并具一斜口，基部短收缩，长 8～12 毫米，宽 4～7 毫米，有纵长直条纹，质地较薄，揉搓和手指按压可破，暗褐色或浅棕色。颖果大，长圆形，长 5～8 毫米，宽 4～6 毫米，厚 3～4 毫米，腹面具宽沟，基部有棕色种脐，质地粉性坚实，白色或黄白色。雄小穗长约 9 毫米，宽约 5 毫米；雄蕊 3 枚，花药长 3～4 毫米。染色体 $2n = 20$。花果期 7—12 月。根据薏米生长周期的长短可将其分为早熟、中熟、晚熟品种；市场上根据薏米壳颜色差异，将薏米分为小白壳、小黑壳、小花谷等；此外按照薏米籽粒大小可将其分为大薏米和小薏米。

　　薏米籽粒呈椭圆形结构，最外层的坚硬保护结构为薏米壳，壳的内部存在一薄薄的种皮层,去除薏米壳与种皮层即得到红薏米,而红薏米经碾白去除麸皮后,即为白薏米。薏米籽粒不同部位的重量百分比为:薏米壳 35.8%、种皮 6.8%、麸皮 4.3%、白薏米 53.1%。

一、种植起源和种植产地

薏米在我国有悠久的栽培历史。浙江河姆渡遗址出土过大量薏米种子,说明薏米在我国至少有 6 000 年以上的栽培历史。有人猜测薏米在我国出现的时间可能更早。《山海经·海内西经》记载:"帝之下都,昆仑之墟……有木禾。"所谓"木禾"即指薏米,那么薏米在我国的栽培历史可以追溯到远古的黄帝时代。薏米在《神农本草》中称为薏苡、解蠡,《名医别录》中称为"起实",《救荒本草》中称为"回回米",《本草纲目》称为"芑实"。梁陶弘景曰:"真定县属常山郡。近道处处,多有人家种之,出交趾者。"足证薏米有悠久的栽种历史和应用历史。薏米在汉代已有正式栽培,东汉马援曾从交趾引进优良品种,是我国古老的药食皆佳的粮种之一,也是我国南方传统经济作物之一,《神农本草经》将其列为上品。据《后汉书·马援传》记载,早在东汉初建武 17 年,即公元 41 年,汉光武帝刘秀派伏波将军马援南征岭南时,军士就常食薏米以避瘴气;而在公元 754 年(唐朝)我国即把它列为宫廷膳食之一。因此,薏米也成为我国最早开发利用的禾本科植物之一。

薏米原产我国和东南亚地区,在我国各地和亚洲其他国家均有分布,喜温暖湿润的环境,对土壤环境要求较低,不论房前屋后或者河边、山脚都可种植,适应性极广。在我国广西也曾发现大面积的原始水生薏米和野生薏米,因此,中国南方可能是薏米的起源中

心和早期主要产地。《名医别录》载："薏苡仁生真定平泽及田野"，《开宝本草》云："今多用梁汉者，气劣于真定。"真定即今河北正定县，因此可以推断，南北朝时期，薏米产地已由中国西南逐步传播到华北平原。薏米产区的变迁一方面与它的生物学特性有密切关系，薏米实质上是一种耐旱的水生作物，具有既抗旱又抗涝的双重特性，栽培适应性强；另一方面薏米由于籽实较大，比禾本科其他作物易于采集贮藏，成为中国远古最早被驯化的作物而得到广泛栽培。

中国是薏米种植和消费大国，全国年产量在 2.7×10^8 千克左右，而年消费量超过 1.0×10^9 千克，每年尚需从东南亚国家进口薏米。我国作为优质薏米最主要产区，许多省份均有种植。其中：贵州种植面积最大，2014 年已近 50 万亩，主要分布在黔西南州（兴仁、晴隆、兴义、贞丰、安龙）、安顺市（紫云、镇宁、西秀）、六盘水市（盘县）、遵义市（正安）等州（市）县，主要品种为贵州小白壳；云南位居第二，常年种植面积约 20 万亩，主要分布在文山、曲靖、思茅、临沧、保山、怒江、德宏、西双版纳等州（市）县市，主要品种为小白壳、小黑壳、小花谷；广西常年种植面积 3 万亩左右，主要集中在桂中和桂西地区的百色、桂林、柳州、河池等 4 个地市的 19 个县，主产区为隆林、西林、龙胜、资源等县，主要栽培种有白壳种（浅黄白色）、黑壳种和浅紫壳种 3 个类型，野生种有黑壳、白壳和花壳 3 个类型，且栽培种和野生种都有硬、糯之分；福建、山东、浙江、东北等地均有少量种植。因此，发展薏米产业可提高已开垦耕地的利用率、增强高原地区粮食作物的稳定性，对改善人们膳食结构、加速南方地区脱贫致富等具有积极的现实意义。

二、薏米的营养及功能

(一)薏米的营养

薏米,作为具有多种营养、集医疗与保健作用于一体的小宗杂粮作物,兼具食用与药用价值。在中国古代被誉为"薏苡明珠",在欧洲被称为"生命健康之禾"。薏米富含多种营养素,包括蛋白质、脂肪、碳水化合物、维生素(维生素 E、硫胺素、核黄素)、矿物质(Ca、P、K、Na、Fe、Mg、Zn、Se)等,其已发现的活性成分主要有薏米多糖,以及中性葡聚糖 $1\sim7$、酸性多糖 CA-1 和 CA-2、薏仁酯(Coixenolide)、薏仁素(Coixol)、酚类、木脂素类、多种氨基酸、多种不饱和脂肪酸、氧氮杂萘酮、甾醇类以及腺苷等。薏米中碳水化合物主要有淀粉、膳食纤维、非淀粉多糖和寡糖,其中淀粉是薏米的主要组成部分,占其成份的 60%左右,其特性直接影响薏米资源的开发利用;薏米蛋白质含量丰富(12.2%~16.7%),氨基酸种类齐全,蛋白主要包括清蛋白、球蛋白、醇溶蛋白和谷蛋白,其中醇溶蛋白含量最高,清蛋白、球蛋白和醇溶蛋白的分子量分别主要在 $10\sim90$ kDa、$15\sim62$ kDa 和 $19\sim40$ kDa;薏米脂肪含量(5.1%~9.4%)显著高于一般常见谷物,薏米油主要由油酸(38%~51%)、亚油酸(30%~38%)、棕榈酸(14%~18%)和硬脂酸(2%~3%)等长碳链脂肪酸组成,不饱和脂肪酸含量较高,主要包括 7 种甘油三酯,其中 1,2-亚油酸-3-油酸甘油三酯(18%~26%)、1,2-油酸-3-亚油酸甘油三酯(23%~27%)、1-棕榈酸-2-油酸-3-亚油酸甘油三酯(9%~15%)、三亚油酸甘油酯(14%~30%)和 1,2-油酸-3-棕榈酸甘油三酯(7%~10%)含量较高;多酚类物质(阿魏酸、p-香豆酸、槲皮素、川陈皮素、柚皮素、芦丁、山奈酚等)

杂粮与科学的美味邂逅

在薏米中以游离态和结合态的形式存在,在薏米不同部位(壳、麸皮、种皮和胚乳)多酚种类和含量存在显著差异,其中薏米麸皮总酚含量最高。

(二)薏米的功能

薏米的营养、药用价值极高,被誉为"世界禾本科植物之王"。《本草纲目》称其为上品"养心药"。薏米作为一种营养食物的来源,长期被人们用于中国民间医药中。临床药理验证发现,薏米具有降压、降血糖、抗肿瘤、抗病毒、调节免疫、诱发排卵及抑制胰蛋白酶等药理活性,薏米多糖已被证实具有降血糖、抗肿瘤等功效。此外研究发现,薏米多糖具有清除羟基自由基和超氧阴离子的作用。薏米油可高效抑制体内某些肿瘤细胞生长,其抑制率高达87%,薏米油在治疗白血病方面也起到明显作用。薏苡仁酯对心肺、平滑肌和横纹肌有刺激作用,也可提高肺的血循环及扩大肺静脉。其不仅具有极为丰富的营养价值,还有不可小觑的药用价值。现代医学认为,薏米性凉,味甘淡,入脾、胃、肺经,具有利水渗湿、清肺热、健脾胃等作用。薏米全身是宝,各部位都可入药。薏苡仁油,能使呼吸持续兴奋、使肺血管显著扩张,可减轻肌肉及神经末梢的挛缩、麻痹等症状;薏苡酯,具有滋补作用,也可作为抗癌剂,可用于抑制艾氏腹水癌细胞,治疗子宫颈癌及胃癌;薏苡素,具有清热、镇痛作用;薏苡根,具有抗癌症、降血压、滋阴补阳、清热解毒、利尿等多种功效,适用于高血压、尿路结石及感染等病症;薏苡叶,可煎煮成茶饮,味道清香,可利尿。

1. 抗氧化

薏米具有显著的抗氧化活性。研究发现,薏米中游离与结合型的酚类含量较为相近,薏米总酚含量与抗氧化活性呈正相关。薏米游离型多酚包括:N_1,N_5-双(对香豆酰)亚精胺、对香豆酸、阿魏酸及芦丁,且 N_1,N_5-双(对香豆酰)亚精胺为主要成分。薏米结合型多酚主要为阿魏酸。

2. 免疫调节作用

研究发现,卵白蛋白(OVA)致敏小鼠喂食脱壳薏米后,可以抑制OVA-IgE 的产生,升高小鼠血清抗 OVA-Ig G2a 水平,同时促进小鼠的 T 淋巴细胞亚群 Th1/Th2 细胞平衡状态从 Th2 状态转为 Th1 状态。薏米种皮乙醇提取液的乙酸乙酯分提物对钙离子载体诱导的RBL-2H 细胞脱颗粒反应具有抑制作用,同时乙酸乙酯分提物的分提物抑制了炎性细胞因子白细胞介素 4、白细胞介素 6 和肿瘤坏死因子 α 的释放。乙酸乙酯分提物还可以抑制钙离子载体介导的胞外信号调节激酶磷酸化(ERK)来抑制过敏反应的发生。4-羟基苯乙酮和p-香豆酸是乙酸乙酯分提物中两种主要的抗过敏活性物质。因此薏米麸皮乙醇提取液的乙酸乙酯分提物可以调节免疫系统,减轻过敏症状。研究还发现,薏米碱溶多糖对 RAW264.7 小鼠巨噬细胞有免疫调节作用;薏米多糖显著促进巨噬细胞 NO 的释放,提高促炎症因子白细胞介素 6 和肿瘤坏死因子 α 的生成,并且呈现严格的剂量依赖关系。多糖经超声处理后可进一步促进细胞 NO 的释放。综上所述,薏米的多种不同类型植物化学物都具有免疫调节活性,结合使用将起到协同免疫调节的作用。

3. 抗癌、抗肿瘤作用

薏米的脂肪、多糖、多酚和内酰胺等成分都具有很强的抗癌和抗肿瘤活性。例如,目前已被广泛用作临床上的抗肿瘤药物的康莱特注射液(KLT),其主要活性成分是薏米油,对一系列癌症都具有良好的治疗或辅助治疗作用。脂肪酸合成酶(FAS)是治疗癌症的潜在靶部位,薏米油对 FAS 具有很强的抑制作用。薏米油主要作用于 FAS 活性中心的 β-酮脂酰还原域(KR)和烯酰还原域(ER)。薏米油还可以抑制膀胱癌 T24 细胞的增殖,并呈明显的剂量-效应关系。研究结果还表明薏米油对 T24 细胞的抑制效率与薏米油的棕榈酸、亚油酸对油酸的比值呈正相关。发芽薏米多酚提取物对 MCF-10a 人体正常上皮细胞无明显的细胞毒性,但其对 Hep G2 人体肝癌细胞具有明显的增殖抑制作用,多酚提取物主要是通过 DNA 聚合酶辅助因子 PCNA 和 p21 介导的细胞周期调控来抑制 Hep G2 细胞的增殖。薏米甲醇提取物具有抑制肺癌细胞增殖,诱导肺癌细胞凋亡的作用。此外,用含 30% 薏米的饲料饲喂经烟草特有的致癌物 4-(甲基亚硝胺基)-1-(3-吡啶)-1-丁酮(NNK)诱导的肺癌小鼠,发现薏米膳食可以降低 50% 的小鼠肺部肿瘤,延缓肺癌的发展。分别采用薏米麸皮、薏米麸皮的乙醇提取物和麸皮提取残渣饲喂腹腔内注射 1,2-二甲基肼(DMH)的雄性大鼠,观察大鼠结肠的癌前病变程度,结果发现,这些物质都可以降低结肠异常隐窝病灶(ACF)的数量,改善黏蛋白组成。研究结果表明薏米麸皮、薏米麸皮乙醇提取物和薏米麸皮提取残渣对结肠癌的早期预防具有重要作用。

4. 降血糖、降血脂作用

研究发现,采用薏米、薏米油和脱脂薏米饲喂高脂膳食小鼠,薏米的不同组分都可以降低血清甘油三酯(TTG)、总胆固醇(TC)和低密度脂蛋白(LDL)水平,同时这些组分还能延缓低密度脂蛋白氧化,提高 6-磷酸葡萄糖脱氢酶的活力。研究还发现,相较于薏米油,薏米和脱脂薏米具有更好的降血脂作用,薏米降血脂的功能成分主要分布在脱脂薏米中。用薏米多酚提取物饲喂高胆固醇膳食小鼠,研究显示薏米多酚提取物可以显著降低血清 TC、LDL 和丙二醛含量,提高高密度脂蛋白（HDL）含量和血清抗氧化能力。同时,薏米多酚提取物还提高了小鼠肝脏过氧化氢酶（CAT）和谷胱甘肽过氧化物酶（GSH-Px）的活力。薏米水提取液可以调节小鼠神经内分泌活动,降低肥胖小鼠下丘脑组神经肽（NPY）和瘦素受体（LR）基因的表达;薏米水提取液可以缓解高脂膳食导致的小鼠肥胖、脂肪堆积和胆固醇升高;摄入薏米水提取液可以显著降低肥胖小鼠 PPARγ2 和 C/EBPα 蛋白的表达。此外,薏米乙醇提取液的乙酸乙酯分提物具有抑制肥胖和糖尿病的功能。乙酸乙酯分提物明显增加了腺苷酸活化蛋白激酶（AMPK）和乙酰辅酶 A 羧化酶（ACC）的磷酸化水平,同时其降低了 3T3-L1 细胞中脂肪细胞因子的表达,减小了脂肪液滴细胞的尺寸。

5. 其他生物活性

薏米麸皮的甲醇和乙酸乙酯提取物都具有很强的抗炎活性,橘皮素、川陈皮黄素和对羟基苯甲酸都是薏米麸皮中的主要抗炎成分。薏米麸皮游离型和结合型多酚对黄嘌呤氧化酶具有很强的抑制活性,p-香豆酸和阿魏酸是其中主要的抑制剂。研究还发现薏米麸皮多酚对小鼠高尿酸血症具有很好的预防和治疗效果。薏米酶解物可以降低含核上皮细胞的数量,改善皮肤状况。同时,薏米酶解物还可以改善人体肠道菌群。此外,薏米多酚提取物可以调节高脂膳食小鼠肠道菌群失衡。

三、工业化薏米加工产品

薏米是重要的药食两用资源,在健康食品领域具有广泛的开发前景,但我国薏米产业发展比较落后,尚在初级阶段,加工工艺较为简单,加工产品较为单一,深加工和功能食品的研发受限,经济效益

未得到充分发挥。这与其加工复杂、耗时耗力有一定的关系。薏米的工业化加工产品主要包括薏米粉、薏米饼干、薏米饮料、水提取物、发酵薏米和薏米纳豆等。

薏米粉是以低温烘焙好的薏米为主要原料，经粉碎、过筛制得的一款即食粉。其风味香浓、口感细腻，而且将其制作成薏米粉后可促进薏米消费，冲水即可，方便快捷。薏米饼干制作时首先将薏米磨成细粉，然后用种曲对细粉进行曲化，即利用种曲中的糖化酶对薏米粉进行糖化以改善薏米粉的质地，从而使薏米粉适合饼干的制作。薏米饮料是以薏米为主要原料，经磨浆、酶解、过滤、调配等一系列工艺，制成的清亮、无沉淀、风味独特的薏米保健饮料。该产品经特殊工艺，去除了薏米本身特有的、不为消费者欢迎的不良气味。薏米水提取物是薏米的重要加工产品，被广泛应用于功能食品和化妆品中。目前市场上销售的娥佩兰化妆水，其主要成分为薏米水提取物，具有很强的美白功效，能防止晒黑，改善肌肤干燥状况，使皮肤变得光滑、细腻，同时能促进新陈代谢。而且有研究表明，薏米水提取物能够治疗肥胖，起到减肥的作用，还能改善皮肤状况，改变肠道菌群比例。薏米经乳酸菌发酵后可以增加营养成分、改善风味，减缓仓鼠的高胆固醇血症。研究发现发酵后薏米灰分、脂肪、膳食纤维、蛋白、氨基酸和 5'-核苷酸的含量显著提高，具有可口的鲜味。固态发酵薏米可以提高薏米的多酚和黄酮含量，改善薏米的水和乙醇提取液的抗氧化活性。薏米还能够通过优化浸泡、蒸煮及干燥工艺，制成一款具有较好复水性、风味和口感的方便薏米产品。薏米纳豆较传统纳豆黏性物质多，挑起时拉丝长且粗。薏米纳豆具有纳豆特有的风味，并且更易消化和吸收，经检测蛋白质的消化吸收率可以从原来的 50% 增加到 90% 以上，大大挺高了纳豆制品的食用品质，并改善了传统纳豆保存性差的缺点。

四、我国地方特色薏米食品

（一）薏米汤/粥/饭

1. 薏米八宝粥/饭

薏米八宝粥/饭（图 5-1）是一道我国民间传统家庭美食。流行于全国各地，以江南尤盛。由于各地习俗、口味有异，用料亦不尽相同，但其烹制方法和风味基本相似。以薏米、红枣、莲子、桂圆等为主要原材料。

图 5-1 薏米八宝粥

薏米八宝粥制作方法是将薏米、糯米、莲子、白扁豆、红枣等原料用水冲洗干净，浸泡 4 个小时；将泡好的原料置于砂锅内，加水适量，再将砂锅置武火上烧沸，后用文火煨熬。待原料熟烂后，开始用勺子搅拌，直至煮出黏稠的感觉，加入白糖，盛出即可随意饮食。

薏米八宝饭做法是花生、莲子、薏米仁等洗净后用清水浸泡 2 小时后,上锅蒸熟;将糯米淘洗干净,用清水浸泡 6 小时后,上锅蒸熟;米饭蒸好后,趁热加入白糖和猪油拌匀,另将蒸熟的花生、莲子、薏米仁、红枣与糯米拌匀;把混合好的糯米饭盛入容器压紧实,再次入蒸锅蒸上 20 分钟即成。

薏米八宝粥/饭的配料中还可以随意加入个人喜爱的原料,烹出各自喜爱的粥品或饭。

2. 绿豆薏米海带汤

绿豆薏米海带汤(图 5-2)是经典的广东汤水之一,制作方法简单,甜咸可根据口感而定。多用于清凉解暑。

图 5-2 绿豆薏米海带汤

绿豆薏米海带汤的制作方法是先将绿豆洗净后用水泡涨;将海带洗净,切丝或段;锅中放适量水,烧开后将绿豆、薏米、海带煮至米熟、豆烂,加适量红糖即可食用。

薏米除了与绿豆海带同煮做汤外，还可以与鸭肉、冬瓜、莲子、猪肚、排骨等同煮做汤。其中薏米莲子猪肚汤是广东传统名肴，而红豆薏米脊骨汤是沈阳的一道特色美食。

3. 粉葛薏米煲鱼头

粉葛薏米煲鱼头的制作方法是先将鱼头去鳃洗净，沥干水分；在热锅中放两汤匙油，下鱼头两面煎黄，铲起；粉葛去皮洗净，切块；薏米洗净（最好提前浸泡 1～2 小时）；将适量水倒入煲内烧开，放入所有材料大火煮沸，转小火煲 1.5 小时，下盐调味即可食用。

(二)其他特色薏米食品

1. 薏米仁南瓜饼

南瓜饼属于汉族传统精品主食，其制作方法因地而异。而薏米仁南瓜饼主要食材是南瓜、薏米，口味香酥。

薏米仁南瓜饼的制作方法是先将薏米提前浸泡 20 分钟，南瓜去皮切成块，把薏米和南瓜块隔水蒸熟，把熟南瓜捣成泥，随后，在南瓜泥中放入熟薏米粒和蜂蜜（换成白糖也可）拌匀。然后边拌南瓜泥边慢慢倒糯米粉，直至揉成不粘手的南瓜面团。把面团揪分成各小剂，取各剂揉圆再按扁。两面粘上面包糠，平底锅内抹上食用油，下南瓜饼，小火煎至饼两面金黄即可。

2. 薏米小羊排

薏米小羊排是我国北方传统菜品，最适宜秋冬季节食用。

薏米小羊排的制作方法就是起锅但不烧油，锅热后直接下入羊肉，利用锅内高温把羊排自身的油脂逼出来后加入花椒、胡椒、陈皮、香叶、葱、姜、料酒等翻炒，下入酱豆腐（腐乳）大火烧 15 分钟左右出

锅。随后,将羊排放入碗里,打入鸡蛋拌匀,加适量的红薯淀粉、薏米水(浸泡后蒸熟的米浆),使调出的糊包裹羊排。起锅,油温四成热时下入薏米直接炸制酥香,再加上提前切好的蒜蓉,稍稍炸制,取出沥干油备用。另起锅,油温四成热后下入羊排,炸至出脆皮后捞出沥油备用。锅里加入底油烧热,干辣椒、豆豉下入锅内煸炒,加入炸好的薏米、脆皮羊排一起翻炒,加入少许盐、糖调味。最后放入红黄彩椒、葱段一起爆香即可。

3. 板陈糕

板陈糕,原名"吉记"肉带糕,是贵州省望谟县风味独特的民族传统食品,在望谟县的民族食品文化中颇有名气。

制作方法是选用优质糯米、薏仁米、白糖、核桃和花生仁、芝麻、小麦胚油等16种精料进行调配,经过滤干水分、微火炒、加工细粉、浸发、熬制发糖、铜镜压板等近30道工序制作而成。

4. 清补凉

传说,秦始皇一统七国之后,开始着手平定岭南地区的百越之地。公元前219年,秦始皇任命屠睢为主将、赵佗为副将,率领50万大军进军岭南。军队行至岭南一带,由于中原士兵不适应南方的湿润气候,纷纷得病,军队战斗力大减。随军大夫研发了一种药食两用的粥,其以莲子、百合、沙参、芡实、玉竹、淮山、薏米为原材料,经过加工后磨成浆状食用。服用后使人镇静、精力充沛,军队恢复了战斗力。赵佗曾说,食之清热气、补元气,此物可称"清补凉"也。

清补凉(图5-3)的制作方法首先将绿豆、薏米、芋头、鹌鹑蛋、汤圆等分别煮熟,捞出。其他食材洗净、切好;凉开水制冰块;准备红糖(或红糖浆)、椰子汁。吃的时候每样食材取一点,抓几块冰块,掺上椰子汁或红糖水，再放两勺嫩椰肉即可。

图 5-3　清补凉

第六章　高粱

一、种植起源和种植产地

高粱 [*Sorghum bicolor*（L.）Moench] 又称乌禾、蜀黍，为禾本科高粱属一年生草本植物，是人类栽培的重要谷类作物之一，已有5 000多年的历史，是世界上种植面积仅次于小麦、玉米、水稻、大麦的第五大谷类作物。高粱起源于非洲的埃塞俄比亚及亚洲的印度和中国的西南部干旱地带。早在5 000多年前我国就已经种植高粱，在2 000年前，高粱就已在黄河和长江流域广为栽培。与其他主要粮食作物相比，高粱具有稳产（旱涝保收）、抗逆性高（抗旱、抗涝、耐盐碱等）以及用途广泛的特点，是我国重要的旱粮作物，在国民经济中占有极其重要的地位。

二、高粱的营养及功能

高粱的营养价值很高，籽粒中含有人体所需的多种营养成分，对人体健康极为有益。近年来，随着科学技术的发展以及人们对高粱营养保健价值的深入了解，科技工作者不断地对高粱品种进行改良与优化，使得高粱的营养价值得到进一步提高，其在食品、工业加工等方面的应用价值得到极大的提升，应用范围也越来越广。高粱以其自身较高的营养保健价值和其产业化生产、加工所带来的经济、社会效益,为高粱产业迎来了新的发展。因此高粱资源的开发利用和产业化发展都具有非常重要的意义和广阔的前景。

(一)高粱的营养

高粱具有极高的营养价值,根据谷物营养成分研究报告可知,高粱中含有人体所需的多种营养成分,主要营养成分大致含量如下:碳水化合物74.7%,蛋白质10.4%,脂肪3.1%,膳食纤维4.3%,硫胺素2.9毫克/千克,核黄素1.0毫克/千克,钙220.0毫克/千克,铁63.0毫克/千克,锌16.4毫克/千克,镁129.0毫克/千克,硒28.3毫克/千克。

高粱的主要营养成分为碳水化合物,其含量与玉米大致相当。与其他谷物一样,高粱含有丰富的蛋白质,含量在6%~18%之间,且高粱蛋白中氨基酸种类较齐全、含量丰富,与其他食物组合可以充分发挥食物的互补作用。然而高粱的赖氨酸和色氨酸含量相对较少,使得蛋白质消化率低,品质较差,但可以通过简单的处理(如发芽、挤压加工)来提高蛋白消化率,从而改善品质。研究发现,与其他谷物相比,高粱中含有丰富的矿物质元素,特别是铁元素,其含量为玉米、小麦等的2~3倍。此外,高粱表皮中含有丰富的膳食纤维,对人体健康非常有益。

(二)高粱的功能

中医认为,高粱性平味甘、涩、温、无毒,具有和胃、健脾、消积、温中、涩肠胃、止霍乱等功效。现代研究已经证明,高粱中含有多酚、抗性淀粉等多种主要活性成分。通过对多种谷物多酚含量进行测定分析表明,高粱中多酚类物质含量是最高的,且种类最为齐全,几乎囊

括了所有的植物多酚类物质。现代医学研究证明，高粱多酚具有抗氧化、抗诱变、抗癌、抑菌等功效，已在食品、药品、化妆品等工业领域中得到广泛的应用。

三、工业化高粱加工产品

随着技术的逐渐发展，以及对高粱研究的进一步深入，高粱被应用于烘焙、挤压以及作为部分或全部取代其他谷物食品的加工中，如焙烤食品（面包、饼干）、断奶食品、休闲型食品（挤压、非挤压型）、早餐谷物食品、面条等。将适量的高粱粉添加到面粉中来制作高粱面包，既可以充分发挥高粱的保健功效，又不改变面包的风味，这种面包深受消费者喜爱；在糕点制作当中加入适量的高粱粉，通过添加合适的品质改良剂和特殊的工艺处理可生产出口感好、营养全、适合不同消费群体的营养保健糕点；充分利用高新加工技术手段来改善高粱品质，如利用单、双螺杆挤压处理来生产高粱挤压产品、膨化产品；利用喷雾干燥技术生产速溶高粱粉等精深加工产品，丰富了高粱深加工食品的种类，开拓了高粱精深加工的新途径。

高粱的表皮中含有一种具有涩味的多酚化合物——单宁，它是一种抗营养因子，可以与高粱中的蛋白质、酶、矿物质（如铁）、B族维生素（如硫胺素、维生素 B_6）结合，不仅降低高粱的营养价值，也降低了高粱的适口性，很大程度上影响了高粱资源的开发利用。目前可以通过挤压加工处理的方式来降低单宁含量。试验研究表明，挤压加工处理后高粱中单宁含量降低了 50% 以上，明显改善了高粱的食用品质和营养价值。

目前，日本一个最大的休闲食品公司已经利用高粱生产出一种片状高粱食品，并已成功上市。但在国内，高粱主要是作为酿酒原料、饲料及生产地方传统食品,对于新兴高粱食品的研发并不多见。

(一)高粱液体食品

1. 高粱白酒和啤酒

我国的酒文化历史悠久。自古到今,就有高粱为原料来酿造白酒的传统,素有"好酒离不开红粮"的说法,其中的"红粮"说的就是高粱。以高粱为原料酿造的白酒因其色、香、味俱佳而受到世界人民的追捧,其中著名的白酒品牌有茅台、五粮液、泸州老窖等。此外,可以使用发芽高粱来作为啤酒酿造原料,以此来代替大米和部分大麦芽,通过加工处理,人们不仅可以获得比普通啤酒赖氨酸含量高两倍啤酒,而且啤酒还不失其风味和特色。

2. 高粱茶

茶是我国居民非常喜爱的饮品,茶文化在我国有着悠久的历史。随着现代技术的发展和人们保健养生意识的增强,各种各样的谷物保健茶,如大麦茶、苦荞茶、青稞茶等,纷纷进入市场,受到消费者的喜爱。高粱中富含原花青素等多酚类物质,是开发天然保健食品的理想资源。将筛选除杂的脱壳红高粱在室温下浸泡 60 分钟(料水比为 1∶8),然后沥掉表面的水,均匀平铺在纱布上,在蒸屉上蒸煮 20 分钟,将蒸煮过的高粱米在 150 ℃条件下烘焙 60 分钟,可得到有清新谷物香味、色泽光亮的高粱茶。

3. 高粱醋

我国是世界上利用谷物酿醋最早的国家,食醋具有保健功能的一个重要方面抗氧化性,而对食醋抗氧化能力影响最大的就是酿造原材料的选择。

(二)高粱固体食品

1. 高粱粉

高粱粉是以高粱作为原料进行产品深加工生产的初步处理,在许多高粱产品的生产中,均需要对高粱进行预处理,按照产品需求,将高粱籽粒制成粗粉或精粉。同时,在生产加工过程中,通常还要根据所生产产品的加工特性以及产品所需营养元素成分的要求,将其他食品与高粱粉等进行复配混合加工,研制出满足不同消费群体需求的高品质产品。

2. 高粱面条

由于高粱蛋白中醇溶蛋白含量低,在加工过程中不易形成面筋,形成的面团缺乏延伸性,所以高粱粉一般以辅料形式添加于小麦粉中来制作不同风味的面条。目前,市面上的高粱面条中高粱粉的添加量大都低于10%。

3. 高粱挤压食品

挤压加工技术作为食品加工的一种有效手段,被广泛应用于谷物的加工过程中,但是以高粱为原料加工高粱挤压食品的研究并不多见。目前,很多国内外研究者对高粱挤压加工食品进行了探索性研究,并取得了一些成果。目前有以高粱、玉米、大豆为原料挤压生产的复合玉米片;以高粱、粟类为原料,添加绿豆和脱脂奶粉,挤压生产的断奶食品;以高粱挤压生产的方便早餐谷物;以大米、糙米、大麦、高粱、小米挤压生产的人造谷物等。

四、我国地方特色高粱食品

高粱自古以来就作为主食为人类所食用,在非洲有"救命之谷"之称。很长时间以来,高粱是世界干旱或严寒气候地区人们的主食。在非洲与印度,人们食用高粱已经有数千年的历史,根据区域和传统习惯的不同,高粱的食用方式也不尽一致,主要用于制作平板面饼、发酵或未发酵稀粥、稠粥、汽蒸食品、休闲型食品(高粱爆米花)、米饭类似物以及高粱啤酒等。我国北方某些地区,现在仍以高粱米或高粱面为主食,并形成了传统的食用方式,我国传统的高粱食品有米饭、米粥、窝头、发糕、年糕、炒面、面条等,表 6-1 总结了我国主要的高粱特色食品。

表 6-1　我国主要高粱特色食品

类别	名称	代表性食品名称
米制食品	米饭	干米饭、水米饭
	米粥	楂子粥、碱米粥、奶布子
面制食品	冷水面	饸饹、锅烙、切面
	烫水面	饺子、窝头、烙饼
	干面	包皮面、高粱面鱼鱼、炒面
	发酵面	发糕、酸汤子
	糯面	黏糕、黏豆包

1. 包皮面

包皮面(图 6-1),又称夹心面、金裹银。包皮面在晋中、吕梁、忻州等地区食用非常普遍。在平遥、介休、汾阳、孝义、祁县一带常吃"红面包皮";阳泉市、盂县、平定县一带常吃"玉米面包皮";而忻州市、原平市一带历来喜吃"荞面包皮""红面包皮"和"玉面包皮"。这里所说的红面就是高粱面。

图 6-1　包皮面

　　包皮面的制作方法是先将 1 份小麦面粉揉成不软不硬的面团，盖上湿布醒面；1 份高粱粉（红面）先放蒸锅蒸熟再用凉水揉成软硬适中的面团；把小麦面团放在案板上，用擀面杖擀成 1 厘米厚的面饼，再把等体积的红面团用手压成 2 厘米厚的比白面饼小的面饼，放在白面饼上，用手将白面饼的边缘像包包子一样提起聚在一起，封口，把红面完全包在里面，这就完成了包面的工序；用手将包好的面团轻轻压扁，再用擀面杖把这个包好的面饼擀成一张薄薄的包皮面。把擀好的面卷在擀面杖上，用刀划开，然后再切成面条，宽、窄随自己的喜好而定。

　　2. 高粱面鱼鱼

　　高粱面鱼鱼是山西忻州地区乡间百姓粗粮细做的一种日常食品。

　　高粱面鱼鱼的制作方法是先在锅里把高粱籽粒煮熟，此工序可以去除高粱的苦涩味，然后将煮好的高粱取出晾凉，待高粱籽粒干中带潮的时候放到磨上磨制成高粱粉。制作高粱面鱼鱼时，用开水和面，面与水的比例为1∶1，开水倒入面粉中要快速搅拌均匀，使高粱面粉成团。用手把面盆里的面团反复揉制，形成表面光滑细腻的面团，然后面团表面盖一块干净布，放在一边饧面20分钟。用手揪下一小块面团放在案板上，双手把面团搓成如大拇指一般粗的长条，然后将长条面团掐断成小面剂，5截为一组，并排放在案板一头；再5截为一组，并排放在案板另一头；然后，左手覆盖一组，右手覆盖另一组，在案板上搓动，两手边搓边向中间靠拢，很快面剂子就搓成两端尖、中间略鼓、粗细均等的面条。这种搓法搓成的鱼鱼儿，当地人叫"细鱼鱼儿"或"长鱼鱼儿"。蒸架上铺一层油纸，将搓好的"高粱面鱼鱼"成环形放在油纸上，开大火蒸制10分钟左右，至面条蒸熟即可。蒸熟的面条取出放在案板上晾凉。将晾凉的面条用手轻轻拉松散，配以羊肉或西红柿汤调和后即可食用。

3. 圪瘩

圪瘩（图6-2）为山西特色美食。

图6-2　圪瘩

圪瘩的制作方法是将小麦面和高粱面按 1:1 的比例混合,和成稍硬的面团,饧面 30 分钟至 1 小时,面团饧匀后再揉匀,揪出约拳头大小面团,捏成长条片状,厚约 0.5 厘米,搭绕于左手背上,令面条外露出 2～3 厘米,用右手食、拇二指从面条外露端,快速掐下约 1 分硬币或指甲盖大小的面片,随掐随捻,使面片呈中间薄、四周略厚的凹形面,形似鼠耳,弹入沸水锅中,熟透后捞出浇卤或炒食。

4. 椰香高粱粑

椰香高粱粑(图 6-3)广泛流行于海南省琼海地区一带,是用当地高粱米配鲜椰子丝蒸制而成的食品。

图 6-3　椰香高粱粑

椰香高粱粑的制作方法是先将高粱米、糯米按 5:1 比例混合洗净,浸 4 小时,捞起配清水磨成浆,装入布袋压干,取出搓软成圆形小坯。鲜椰子破开,刨出椰丝,用白糖拌匀待用。将高粱粑坯入蒸笼猛火蒸熟,趁热粘上糖椰丝即成。

5. 拨烂子

拨烂子(图6-4)是山西特产,流行于晋中地区,是一种粗粮细作的食品。

图6-4 拨烂子

制作方法是高粱面与白面按1∶1混合;将土豆或胡萝卜用擦子擦碎放入盆内,将混合面粉掺入菜中,面与土豆丝等的比例大约为1∶1.5,使每一根土豆丝都裹上面粉;加少许水拌成颗粒状,上笼蒸10分钟左右;起锅油温适中时放入花椒少许和葱花一起翻炒,将蒸好的土豆丝倒入油锅中一起翻炒,边炒边加盐调味,炒至淡黄色,撒香菜段即可出锅。

6. 波浪叶饼

波浪叶饼是辽宁省抚顺地区满族居民喜爱的传统时令食品。每年的四、五月份,山青水绿之时,人们采摘鲜嫩的水芹菜,用开水焯后切碎,拌以豆叶、粉头为馅,再用高粱米水面做皮,外包嫩柞树(大叶

柞)蒸食,这就是俗称的"波浪叶饼"。波浪叶饼既有柞叶的芳香,又有水芹的清香,大大增加了人们的食欲。

7. 黑圪条

在清代光绪年间,泽州地区常闹灾荒,老百姓为了活命,只好将高粱米碾成面粉,抆捞成糊糊浇上浆水菜喝。泽州凤台一家姓赵的人家,娶了一房儿媳,按习俗,新妇5天后要到厨房做饭,婆婆让她做糊糊饭喝。她在抆捞高粱面时,一不小心把豆面打了进去,只好将错就错地继续抆捞,结果成了稠糊状。新媳妇怕受公婆的气,就偷偷抓了两把白面放进糊面里,揉搓成硬面团,用擀面杖擀成大片,切成裙带宽的条下入开水锅里煮熟,连汤带水捞到碗里,浇上浆水菜端给公婆吃,公婆用筷子一搅见是黑面条,就问她是怎么回事?新媳妇只好如实说了。公婆吃着手中这碗韧滑利口、酸香开胃的面条,边吃边说:"这黑圪条怪好吃哪!"

长治黑圪条是山西长治著名的汉族小吃,是用高粱面包住白面或白面包住高粱面,或混合搅拌和成的面团用手工擀制成大片,再切成8寸长,韭叶宽,或裙带宽的条,下锅煮熟的一种面食。因煮熟的面条呈黑红色,故得名"黑圪条"。

黑圪条制作方法是准备小麦粉2份,高粱面1份,先用凉水将小麦粉和成面团;再用开水将高粱面、少许榆皮面或豆面一起混合成面团;把和好的小麦面团擀开一点,把和好的高粱面包在小麦面团里,用擀面杖均匀擀开切成条,下锅煮熟,浇上酸菜卤即可食用。

第七章　青稞

青稞（*Hordeum vulgare* L. var. nudum Hook. f.），又称裸大麦、米大麦、元麦，是禾本科大麦属一年生草本植物，具有突出的医疗保健功能作用。据《本草拾遗》记载："青稞，下气宽中、壮精益力、除湿发汗、止泻。"藏医典籍《晶珠本草》更把青稞作为一种重要药物，用于治疗多种疾病。青稞抗旱、耐贫寒，主要分布于我国西藏、青海、四川的甘孜州和阿坝州、云南的迪庆州、甘肃的甘南州等高寒地带，是当地主要粮食作物。按其棱数，青稞也可分为二棱、四棱、六棱裸大麦，我国主栽品种以四棱和六棱为主，其中西藏和青海主栽品种分别为六棱和四棱裸大麦。按其颜色，青稞可分为白、花、黑、紫青稞等。目前，我国每年青稞的种植面积约为24.5万公顷，总产量约达100万吨。各地种植的品种不一，西藏普遍种植藏青2000、藏青148、藏青320和喜拉19等，青海主要有柴青8号、柴青1号、柴青9号、北青8号、昆仑14号和昆仑15号等，甘肃甘南州为甘青1号、甘青2号、甘青3号、甘青4号和甘青5号等。不同的品种除种皮颜色有别外，营养价值、食用口感和酿酒适宜性也不同。青稞营养价值丰富，富含β-葡聚糖、多酚、生育酚等生物活性物质，具有抗氧化、抗肿瘤、降糖、抗心血管疾病、提高免疫力等作用。

一、种植起源和种植产地

国内外学者进行了大量有关大麦起源的研究,提出了栽培大麦起源地理中心学说,认为栽培大麦起源于近东起源中心、中国起源中心和非洲中心。我国有着悠久的历史和灿烂的文化,农业开始比较早。相传炎帝神农"树艺五谷",其中已包括麦类。中国栽培大麦的起源问题引起了广泛的关注,随着近缘野生大麦 H. spontaneum 和 H. agriocrithon 在我国青藏高原的发现,以及近年来大麦种质资源考察研究的进展,国内外学者对我国大麦的起源和进化有了进一步的认识。大家认为我国大麦的进化顺序为:由碎穗到坚穗,由春性到冬性,由二棱到六棱,由有稃到无稃,由深色到浅色,由小穗轴长毛到短毛,由侧小穗有柄到无柄。退化二棱大麦在进化中的地位应比二棱大麦更原始或至少应与二棱大麦并列。综合这些进化顺序,得出如下结论:我国栽培大麦是从野生二棱大麦经过若干中间类型进化而来的,其中认为从野生二棱大麦到栽培六棱大麦的进化体系比较完整。在野生六棱大麦被发现以前,一般认为野生二棱大麦就是栽培大麦的祖先,在西藏野生六棱大麦发现后的 40 年里,关于栽培大麦的种系发生问题,出现了许多假说,大致可以归纳为 3 类:二棱大麦单系发生论,六棱大麦单系发生论和二棱大麦和六棱大麦分系发生论。在对野生大麦及其近缘野生种的比较研究中发现它们之间在核型、染色体带型、F_1 花粉母细胞染色体构型和酯酶同工酶的带型方面呈规律性变化,说明栽培大麦的起源与进化经过了一系列既有阶段性又有连续性的过程。大麦在我国各地均有栽培,特别是在青藏高原海拔 3 000～4 000 米以上大麦不能生长或难以正常成熟的地区,唯独青稞仍可正常生长。青稞在世界大多数地区主要用作饲料,仅在我国青藏高原及少数其他国家、地区用作粮食。由于民族风俗、宗教传统、饮食习惯等方面的原因,藏族同胞大多以青稞作为主食。西藏全区常年青稞种植面积为 21 万～22 万公顷(占粮食作物种植总面积的 60%以上),总产量 56 万～60 万吨(占粮食总产量的 58%～60%),稳定的青稞生产是藏族同胞适应雪域高原环境、身体健康的保障,也是西藏自治区种植业和粮食生产的支柱。

二、青稞的营养及功能

(一)青稞的营养

1. 三高两低

青稞营养价值较高,具有"三高两低"(高蛋白、高膳食纤维、高维生素和低糖、低脂肪)的特点。蛋白质含量 6.35%～21.00%,平均为 11.31%,高于水稻和玉米;必需氨基酸含量较高,尤其是谷物中普遍缺乏的赖氨酸的含量高达 0.79%;与联合国粮农组织(FAO)推荐的模式蛋白的氨基酸组成接近,贴近度(以鸡蛋蛋白质为标准)为 0.903。膳食纤维的含量在 10.59%～15.39%,含量高于高粱、大黄米和紫米,且可溶性膳食纤维与不溶性膳食纤维的比例较为均衡。青稞还富含多种维生素,如维生素 A、维生素 D、维生素 E、维生素 K 以及维生素 C 和 B 族维生素等。相反,青稞中淀粉含量相对较低,平均仅为 59.25%,其中 74%～78%为支链淀粉;粗脂肪含量平均为 2.13%,低于玉米和燕麦。

2. β-葡聚糖含量高

β-葡聚糖是以 β-D-吡喃葡萄糖为基本结构单元的一类非淀粉多糖,结构单元以 β-(1,3)和 β-(1,4)糖苷键的形式连接,主要存在于谷物籽粒的胚乳和糊粉层细胞壁中,具有降脂、降糖、抗心血管疾病、提高免疫力、抗肿瘤的作用。青稞中 β-葡聚糖含量在大麦属中居首,已报道的其他大麦品种含量多为 3.0%～6.0%,而青稞中含量通常为 3.66%～8.62%,部分品种高达 8.62%。青稞中 β-葡聚糖的含量与其基因、生长环境、颗粒部位、处理方式等因素有关,如青稞皮中的 β-葡聚糖含量在 4.7%～6.3%,而精粉中含量在 3.4%～4.4%。

3. 多酚类物质含量高

多酚类化合物是广泛存在于植物界的一类具有多种生理功能的活性物质,具有很强的自由基清除能力,可发挥抗氧化作用。青稞富含多酚类物质,高达 1 200～1 500 毫克/千克,包括苯甲酸类、肉桂酸类、原花青素类黄烷醇以及氨基酚等。不同色泽青稞中的多酚类化合物含量有较大差别,槲皮苷、异绿原酸 A 和杜荆素的含量要显著高于其他种类的多酚黄酮,其中,黑色青稞中前两者的含量分别为 184.093 微克/克和 16.898 微克/克,明显高于白色、黄色、蓝色青稞,而对于杜荆素来说,白色青稞中含量最高,高达 935.750 微克/克。

(二)青稞的功能

1. 抗氧化

全谷物中主要的抗氧化剂是酚类和聚戊糖化合物,其中酚类物质以游离态和结合态两种形式并存。体外实验发现,彩色青稞的抗氧化活性优于白色青稞,比如黑青稞具有较强的超氧自由基、羟基自由基和 DPPH 清除活性,IC_{50} 分别为 143.88 微克/毫升,415.27 微克/毫升和 196.61 微克/毫升,较高的铁离子/还原抗氧化能力(浓度为 0.5 毫克/毫升时,A_{593nm} 为 1.02),具有一定的金属离子螯合活性,IC_{50} 分别为 187.82 微克/毫升。同一品种的抗氧化活性存在不同的原因是由于种植环境对青稞多酚的组成、含量和抗氧化活性有一定的影响。动物实验进一步表明,全谷物青稞的高抗氧化活性可能与过氧化物还原酶 6（PRDX6）蛋白表达上调有关,该酶同时具有磷脂酶 A_2 和过氧化物酶活性,可催化甘油磷脂水解生成游离脂肪酸和溶血磷脂并以谷胱甘肽为辅助因子来降低机体过氧化氢水平。

2. 降血糖

目前对于青稞降血糖作用的研究主要集中在 β-葡聚糖,通过降低淀粉消化率、提高代谢水平、改善肠道菌群等,帮助降低血糖水平。糖尿病是一种以多种生理缺陷为特征的慢性疾病,包括周围组织胰岛素抵抗增强、肝糖异生增加和胰岛 β 细胞进行性功能障碍。β-葡聚糖对四氧嘧啶致糖尿病大鼠的受损胰岛具有良好的修复作用,可改善胰岛素分泌,灌胃高剂量 β-葡聚糖组的胰岛素含量恢复为正常组的 76%,中剂量组为 69%,低剂量组为 51%,对糖尿病的防治具有正向作用。

(1)β-葡聚糖降低全粉的淀粉消化率

早在 1994 年,Wood 等通过动物及人群实验发现 β-葡聚糖能降低餐后血糖水平,且降糖效果与所形成溶液黏度的对数成正比。β-葡聚糖易形成高黏性环境,有助于降低全粉的淀粉消化率。潜在机理如下:β-葡聚糖在低浓度时黏稠度就很高,随着浓度的增加,β-葡聚糖分子缠绕成网状结构,进一步形成凝胶,覆盖在淀粉颗粒表面,阻碍淀粉酶与淀粉颗粒接触;随 β-葡聚糖分子量的增大,其溶液黏弹性增强,高黏性溶液环境对 α-淀粉酶构象有一定影响,使 α-淀粉酶活性部分被抑制;黏稠的 β-葡聚糖在胃肠道前端可改变食糜的性质,促进胃排空,提升肠动力,进而影响餐后血糖水平以及胰岛素释放;β-葡聚糖可覆盖在肠黏膜表面,减缓肠道对葡萄糖的吸收。

（2）β-葡聚糖提高代谢的降糖作用

β-葡聚糖增加肝脏葡萄糖激酶（GLK）的活性，促进葡萄糖在体内的代谢。与对照组相比，低剂量组和高剂量组的肝脏葡萄糖激酶活性分别升高 25.4% 和 30.7%。β-葡聚糖还能增加肠道 Na^+-K^+-ATP 酶和 Ca^{2+}-Mg^{2+}-ATP 酶活力，特别是作用于远端小肠从而增加能量代谢，能量代谢的增强有助于降低葡萄糖在血液中的水平。

（3）β-葡聚糖通过改善肠道菌群提高机体的胰岛素敏感性

随着肠道微生物研究的兴起，越来越多的证据表明 β-葡聚糖还可能通过肠道菌群的改善来提高机体的胰岛素敏感性。β-葡聚糖可增加肠道中双歧杆菌的数量，有助于增强肠道屏障功能。肠道黏膜屏障的完整性与糖尿病紧密相关，当肠黏膜屏障受损时，肠道中革兰氏阴性菌产生的脂多糖会进入血液，导致血液中脂多糖水平升高。血液循环中脂多糖进一步与单核巨噬细胞的 CD14 形成复合物，被免疫细胞表面的 Toll 样受体 4（TLR-4）识别，然后通过髓样分化分子 88（MyD88）激活核转录因子 κB（NF-κB），继而诱发肿瘤坏死因子 α（TNF-α）、干扰素 γ（IFN-γ）、白细胞介素 6（IL-6）等升高，促进周围组织的胰岛素抵抗。

（4）青稞对二肽酰肽酶（DPP4）的抑制能力

青稞对 DPP4 具有明显的抑制能力，IC_{50} 为 3.91 毫克/毫升，优于荞麦（IC_{50} = 1.98 毫克/毫升）和燕麦（IC_{50} = 0.99 毫克/毫升）。DPP4 能快速降解胰高血糖素样 1（GLP-1），而 GLP-1 作用于胰岛细胞可促进胰岛素分泌，因此 DPP4 的抑制有助于机体胰岛素分泌的增强。

3. 减肥

肥胖是由先天遗传因素和后天环境因素的共同作用而引起的慢

性营养代谢性炎症。随着体内脂肪沉积,肥胖患者免疫功能也会降低,同时也会引发多种生理改变和慢性疾病。因此,预防和控制肥胖已成为近年来研究的热点。研究证明,β-葡聚糖具有减重、降脂的作用,可增加粪便脂肪酸含量,促使脂类随粪便排出体外,减少脂肪细胞积累,改善血脂水平。

(1)β-葡聚糖增加饱腹感的减肥作用

膳食纤维尤其是β-葡聚糖进入胃肠道后,可吸水膨胀,其亲水基团能够结合自身重量 1.5～2.5 倍的水分,在胃中形成高黏度溶胶,从而刺激迷走神经传导饱腹感信号,减少食物的摄入。β-葡聚糖不能被胃、肠中的消化酶分解,但可被肠道微生物利用,从而调节肠道菌群组成和结构,增加肠道菌群的多样性。肥胖小鼠肠道菌群的特征为拟杆菌门/厚壁菌门(B/F)比值降低,葡萄球菌等有害菌丰度增加,而双歧杆菌、乳酸杆菌等有益菌群降低。而β-葡聚糖可被短链脂肪酸(SCFAs)产生菌代谢,促进双歧杆菌和乳杆菌的增殖,继而增加肠道和血液中 SCFAs 含量,SCFAs 能刺激机体分泌 PYY,而 PYY 与下丘脑的 Y2 受体结合,刺激抑制食欲因子-神经肽 Y 的释放,进而增强饱腹感,达到抑制食欲和减肥的效果;双歧杆菌和乳酸杆菌的增加有利于增强肠道屏障,减少革兰氏阴性菌分泌脂多糖进入机体循环系统,避免机体炎症水平的升高,从而降低肥胖等慢性代谢类疾病的风险。

(2)β-葡聚糖提高代谢的减肥作用

有研究推测,β-葡聚糖在促使机体产生饱腹感的同时,某些细胞可能会释放去甲肾上腺素,并进入门静脉系统,进而激发糖原和甘油三酯的降解和氧化,加大脂肪代谢的产热;另外去甲肾上腺素还可直接激发棕色脂肪组织内的脂肪分解代谢,使基础代谢率增强,从而起

到减肥的作用。

4. 降血脂

目前有关青稞降脂的研究主要针对 β-葡聚糖等多糖类物质,通过直接影响脂类代谢,或促进肠道有益菌群的增殖,帮助降低机体胆固醇水平。β-葡聚糖的含量及青稞的加工方式均会对青稞降血脂的作用产生影响。

(1)β-葡聚糖影响脂类代谢的降脂作用

1963 年,Degroot 首次报道了 β-葡聚糖具有降脂功效。研究发现富含 β-葡聚糖的燕麦麸皮,能润肠通便,降低胃肠对脂肪酸的吸收速率,同时还能降低人体的胆固醇合成。1989 年,美国蒙大拿州立大学的 Newman 等发现 2 种大麦分别能使实验动物血液中胆固醇含量降低 16% 和 26%,进一步发现降脂作用可能源于 β-葡聚糖。青稞中富含 β-葡聚糖,越来越多的实验表明青稞中 β-葡聚糖也具有降低总胆固醇(TC)、总甘油三酯(TG)、低密度脂蛋白胆固醇(LDL)和升高高密度脂蛋白胆固醇(HDL)的作用,且存在明显的剂量反应关系,同时 β-葡聚糖还可有效减缓高脂饲料诱导的肝脏增重,降低肝脏内脂肪堆积,缓解肝脏的脂肪病变。

β-葡聚糖影响胆固醇代谢机制如下:β-葡聚糖可增加饱腹感,减少高脂食物的摄入;由于分子量较纤维素小,β-葡聚糖易形成黏性大的溶液,可使肠道处于高黏环境,形成凝胶构成物理屏障,一方面可降低脂类吸收酶的活性,另一方面可干扰脂肪微团形成,影响胆固醇与消化酶、胆汁酸与肠黏膜的接触,进而通过减少胆固醇的吸收、结合和阻止胆固醇的脂解作用而直接排出体外;β-葡聚糖可吸附胆汁酸,影响肝肠循环,造成脂质乳化障碍,并促进胆固醇胆汁酸化排出;β-葡聚糖还能一定程度上提高卵磷脂-胆固醇酰基转移酶(LCAT)活力,LCAT 可催化新生 HDL 中磷脂酰胆碱分子中甘油 2 位上的脂肪酸转移到胆固醇上,形成胆固醇酯和溶血磷脂酰胆碱,最终促进胆固醇的逆向转运,将胆固醇从肝外组织转运到肝进行代谢并排出体外。此外,β-葡聚糖可明显提高脂蛋白脂酶(LPL)的活性,低剂量灌胃[130 毫克/(千克体重)]可升高至正常水平,可能是其降低血液甘油三酯水平的重要机制之一。LPL 是甘油三酯降解为甘油和游离脂肪酸的反应限速酶,可催化富含 TG 的脂蛋白如乳糜微粒(CM)、极低密度脂蛋白(VLDL)中的 TG 水解,同时使部分磷脂和载脂蛋白 A、载脂蛋白 C、游离胆固醇转移到 HDL 上,促进 HDL 的生成。LPL 的缺陷或者活性降低可导致血浆 CM 和 VLDL 降解障碍,引起高甘油三酯血症。

(2)青稞影响肠道菌群的降脂作用

加工处理后的青稞可不同程度地增加大鼠肠道内有益菌群含量,抑制大肠杆菌的增殖。研究表明,采用挤压膨化、微波挤压膨化、微波、蒸煮和炒制处理后的青稞可显著增加双歧杆菌菌落总数;挤压膨化、微波及蒸煮处理后的青稞均显著增加乳酸菌菌落总数,所有处理均可显著抑制大肠杆菌和肠球菌菌落总数。盲肠中有益微生物的增殖,可代谢肠道未消化的低聚糖和多糖产生短链脂肪酸,使得肠道pH 降低,有利于抑制腐败菌的生长;且盲肠的 pH 与胆汁酸的溶解度呈负相关,促进肝脏胆固醇合成的负反馈,继而降低血浆胆固醇水平。此外,短链脂肪酸可直接结合可溶性钙质,影响胆汁酸在大肠的溶解度,从而影响其重吸收;短链脂肪酸还可在细胞水平上直接抑制肝脏胆固醇合成限速酶 3-羟基,3-甲基戊二酸单酰辅酶 A 还原酶和胆汁酸合成关键酶 7α-羟化酶活性,有助于降低机体胆固醇水平。

5. 抗动脉粥样硬化

心血管疾病泛指高血压、高血脂症、动脉粥样硬化、血液黏稠等所导致的心脏、大脑及全身组织发生的缺血或出血性疾病。心血管疾病全球发病率高,致死率也很高,其中动脉粥样硬化是心血管疾病重要的诱因,而血脂代谢紊乱和脂质过氧化增强被广泛认为是动脉粥样硬化的主要原因。青稞富含油酸、亚油酸、亚麻酸、D-α-生育三烯酚、卵磷脂、脑磷脂等脂类物质,其中不饱和脂肪酸不仅能降低TC、LDL、动脉硬化指数(AI),同时可增强 HDL-C 对胆固醇的转移,使其在肝脏中被代谢成胆汁酸,发挥抗动脉粥样硬化作用。

(1)青稞中 β-葡聚糖的脂质抗氧化作用

青稞中 β-葡聚糖在抗动脉粥样硬化过程中发挥重要作用。血液中某些成分易被自由基、脂质过氧化物攻击和修饰,进而增强动脉粥样硬化作用。β-葡聚糖具有抗氧化酶的作用,可消除自由基,抑制脂质过氧化。有研究发现通草中多糖可升高正常小鼠血液中超氧化物歧化酶(SOD)活力和降低肝脏及血清中脂质过氧化物(LPO)水平,以及降低小鼠脑组织和心脏中老化代谢产物褐脂素(LF)含量,可见多糖具有降低机体脂质过氧化的作用。此外,高脂血症患者,脂质过氧化增强的同时,抗脂质过氧化作用也会增强,抗脂质过氧化酶活性降低,LPO 及其降解产物丙二醛(MDA)增加,SOD 活性及血清总抗氧化能力(T-AOC)的降低,上述过程是高血脂症致病损伤的重要因素。中高剂量 β-葡聚糖[650 毫克/(千克体重)和 1 300 毫克/(千克体重)]灌胃可恢复高脂血症大鼠血清 SOD 酶活性,中高剂量组可显著升高 T-AOC 活性至正常水平,中剂量组可使血清 MDA 降低到正常水平。可见,青稞中 β-葡聚糖可能具有脂质抗氧化作用,其机理可通过升高 SOD、T-AOC 的活性及降低 MDA 的含量实现,从而降低发生动脉粥样硬化的危险性。

(2)青稞中 β-葡聚糖的血脂调节作用

载脂蛋白(Apo)是脂类代谢中心,其不仅在结合、转运及稳定脂质和脂蛋白上发挥作用,而且还参与激活或调节脂蛋白代谢关键酶活性。ApoA 和 ApoB 分别是 HDL 和 LDL 的主要载脂蛋白,其代谢及作用具有一致性,即 ApoA 和 HDL 是抗动脉硬化因子,ApoB 和 LDL 是致动脉硬化因子。β-葡聚糖可通过升高 ApoA 和降低 ApoB 进一步发挥血脂调节作用,继而有助于预防动脉硬化的发生并减缓其发展。

6. 抗血小板凝集

血管或心腔内的血栓脱落,脱落的血栓会随血液流向身体的其他部位,从而引起血管腔狭窄或闭塞,使主要脏器发生缺血或梗死而导致功能障碍,临床多表现为中风、心肌梗死和缺血性休克等。体外消化模拟水解 6 小时后,抗血小板聚集活性达 50% 时,燕麦、青稞和荞麦的样品浓度分别为 0.282 毫克/毫升、0.290 毫克/毫升和 0.328毫克/毫升。实验证明,青稞对花生四烯酸(AA)诱导的血小板聚集具有抑制作用,青稞的蛋白水解物中含有一定的抗血小板聚集肽,即可通过人体消化青稞产生具有抑制血小板聚集的活性物质。

7. 免疫调节作用

免疫系统是机体对抗外来抗原和微生物的重要部分,免疫反应可通过相关免疫因子的表达情况来反映,如革兰氏阴性菌所产生脂多糖的膜蛋白受体(TLR4),介导 TLR 信号通路的肿瘤坏死因子受体因子(TRAF6),可被多种细胞因子激活的转化生长因子活化激酶(TAK1),介导激活有丝分裂(原激活蛋白激酶)和核转录因子(NF-κB)信号通路,进而在炎症反应、细胞凋亡和免疫反应中发挥重要作用。研究表明,一种存在于青稞中的水溶性多糖(BP-1)可抵抗免疫抑制作用产生的骨髓和周边血液中的白细胞数量下降的这一效应,并通过 TLR4、TRAF6、TAK1 和 NF-κB 炎症通路,促进免疫抑制

小鼠体内巨噬细胞的增殖和吞噬作用。此外，BP-1 可抑制 NF-κB 从细胞质易位到细胞核中，诱导人结肠癌细胞凋亡。

三、工业化青稞加工产品

青稞的种植受地域限制较大，只有部分省市才会种植青稞。这就造成了青稞接受范围较小，并且青稞的发展也受制于技术水平和生产能力，目前青稞产品并未完全实现大规模工业化生产，生产率等都有待提高。近几年行业人士研发团队以及我国食品工业的快速发展为青稞食品机械化、规模化奠定了基础，青稞加工企业积极研发青稞相关产品，比如青稞酒、青稞饼干、青稞啤酒、青稞酸奶、青稞面粉、青稞挂面等。青稞具有多种生物活性及降脂减肥的功能，越来越受消费者的追捧。

四、我国地方特色青稞食品

（一）青稞面粉制品

1. 糌粑

糌粑源于一个与藏王有关的传说：公元 7 世纪，藏王经常带兵打仗。但雪山连绵，地广人稀，交通不便，军队给养十分困难。藏王为此日夜忧虑。一天晚上，格萨尔王给藏王托了一梦：何不将青稞炒熟磨成粉，既便于携带又易于贮藏。藏王恍然大悟，醒来立即命令部下烧锅磨麦，筹集军粮。青稞炒麦飘香，这一加工方法很快传遍了雪山草地。

糌粑（图 7-1）是藏族牧民传统主食之一，是炒面的藏语译音，在藏族同胞家中做客时，主人一定会给你端来喷香的奶茶和青稞炒面，金黄的酥油和奶黄的"曲拉"(干酪素)、糖等,叠叠层层摆满桌。

图 7-1　糌粑

青稞炒面的制作方法是首先炒青稞,将青稞用水洗净,晾干水汽。将适量青稞倒入铁锅,逐渐加热,并不断用灌木枝条刷在锅中翻动,以使青稞受热均匀,直到爆出青稞花来;把炒好的青稞花磨成面粉(传统磨面用水磨,迄今西藏还有少部分地区保留了这个传统的磨粉方法)。在茶壶中倒入适量的水,放入茶叶、盐煮制沸腾后,倒入牛奶;碗中倒入 1/3 的奶茶,放 1 勺白砂糖随后放 1 块酥油直至融化,放入适量青稞面和曲拉,搅拌时,先用中指将炒面向碗底轻捣,以免茶水溢出碗外;然后转动着碗,并用手指紧贴碗边把炒面压入茶水中;待炒面、茶水和酥油拌匀,能用手捏成团,就可以进食了。

2. 搓鱼儿

搓鱼儿是用青稞面制成的面食,是青海门源的地方回族小吃。一般大年初一晚上,家家户户都要吃搓鱼儿。

搓鱼儿的制作方法是将青稞面粉用含有少量盐水的温水和成光

滑的面团,面饧好后用擀面杖把面团擀开,大约0.5厘米厚。两面撒上干面,折叠一下,用刀切成面条。取一根面条,揪下一段,用大拇指肉最厚的地方搓。炒一些自己喜欢的菜拌上,再放上辣椒油、醋,也可以放一些自己喜欢的调味品。

3. 青稞散饭

散饭是甘肃的地方特色小吃,是以青稞糁子为原料做成的。青稞糁子是在青稞磨成面粉的第二/第三道工序时过滤出来的颗粒比较大的粗粉。

制作方法是首先在锅中盛满5/6的水,放在火上烧开,放入适量盐和切好的土豆块;待水再烧开之后,一只手抓上准备好的青稞糁子均匀撒到锅中,并且拿筷子不停在锅里搅动(搅动时方向保持一致,不可随意换向),让青稞糁子尽可能混合均匀(搅拌时撒入糁子不能太多,不然容易结块,而且不容易熟,口感不好);当锅中的糊基本上成为固体状,且搅动困难时,开小火,用饭勺从锅底再铲起搅拌,直至铲起的饭团不掉为止,散饭就做好了。可以炒菜拌散饭吃,也可以制作汤底,带汤吃。

4. 破布衫

青海风味面食之一,一般用青稞面等杂面制作而成。由于青稞面缺少韧性,很难擀开成形,擀面时面皮边缘有破口或裂开,其形状酷似破布,所以叫作破布衫。

破布衫的制作方法是用温盐水将青稞面和成软硬适当的面团,饧面10分钟左右,用擀面杖将面团擀为厚度为1厘米的面饼,擀好面后不用刀切,直接用手揪成碎片下锅,配上土豆、萝卜、菠菜等各种蔬菜做成大锅烩,方便简单、味美可口。

5. 青稞饼

青稞饼(图 7-2)是用青稞面调制烘烤而成的一种食物,是四川九寨沟地区藏族人民喜爱的食品。

图 7-2 青稞饼

青稞饼的制作方法是青稞粉加水,揉成光滑的面团。盖保鲜膜在温暖的地方饧发 1.5 小时;取 100 克左右的面剂子,搓圆,按压为扁平状;表面刷上菜籽油,撒上香豆沫,放入烤箱烤,或在锅中煎至两面金黄即可食用。

6. 青稞锟锅

青稞锟锅是青海农业区和半农半牧地区人们(藏族、回族、土族、撒拉族及汉族)食用和走亲访友必备的物品,当地人俗称"锟锅馍馍"。烤制锟锅的模子,也就是烤锟锅的锅,一般是用生铁铸的,锅壁很厚,传热均匀,先将它放在烧柴草的灶里,预热过后,将调和好的发面放进去,然后合上盖子再次放入烧柴草的灶中烤,用此方法烤制的锟锅馍馍外脆内软,绽开如花,口感较脆。

青稞锟锅的制作方法是把发酵好的青稞面,倒在案板上,擀开刷上菜籽油,也可以刷一些红曲、姜黄等食用色素,也可加入香豆等香料来调味;然后将面团揉成圆球状,把它放到事先在灶中烧热的锅里,盖好锅盖,再放回热柴草灶里烤 15 分钟后,取出翻一下,再烤 15 分钟左右即可食用。

(二)青稞米制品

1. 甜醅

甜醅(图 7-3)是用青稞制作的西北地区特色小吃,在甘肃兰州、陇南、天水,宁夏回族自治区,青海高原古城西宁和农业区各地,都能看到的独特民间小吃。群众中有句顺口溜:"甜醅甜,老人娃娃口水咽,一碗两碗能开胃,三碗四碗顶顿饭"。它具有醇香、清凉、甘甜等特点。

图 7-3 甜醅

甜醅的制作方法是首先将青稞用水淘洗干净,浸泡 30 分钟后入锅中煮至八分熟,捞出沥干水分,摊开使其降温,用手摸有微热感后拌入酒曲,然后加入少量凉开水,搅拌均匀(加入凉开水是为了湿润,让酒曲更好的发挥作用,一定不要加多了)。将拌好酒曲的青稞放入无油、消毒后的坛中,密封坛口上面再盖上一个薄毯子,放置于温度30℃左右的环境中2~3天;将冰糖溶于凉白开水中,也可放入冰箱冷藏备用。如果想吃口味重点就多发酵一些时间,冬天气温低的时候也需要适当延长发酵时间。发酵结束后,烧一锅开水,将发酵好的青稞倒入锅中稍微煮一下(这样做是为了防止继续发酵),在发酵好的青稞中倒入冷藏的冰糖水搅拌均匀即可食用。

2. 青稞牦牛肉粥(图 7-4)

牦牛能适应高寒气候,是世界上生活在海拔最高处的(除人类外)哺乳动物,是我国高寒地区的特有珍稀牛种之一,也称西藏牛。青稞与牦牛肉做成的粥,极具高原特色。

图 7-4　青稞牦牛肉粥

青稞牦牛肉粥的制作方法是在高压锅中放入牦牛肉,加水淹没

烧开，撇去浮沫，加入花椒、食盐、干辣椒，盖锅盖高压煮 30 分钟。煮好捞出肉，肉汤备用。青稞米淘洗干净，浸泡 3～4 小时，将浸泡好的青稞米放入肉汤中，牛肉切丁放入，熬制即可。

第八章　绿豆

一、种植起源和种植产地

绿豆（*Vigna radiata* L. Wilclzek）又名青小豆、植豆，豆科豇豆属植物，是我国主要的食用豆类作物之一。栽培历史悠久，产量和出口量均居世界前茅。绿豆具有耐阴性强，耐湿性、耐寒性较差的特点，适合与其他作物间、套作。其相关产业链长，传统产品主要有绿豆糕、绿豆饼、绿豆酒及绿豆饮料等。在世界范围也广泛种植，我国产区主要位于东北地区和淮河、黄河流域。

绿豆营养丰富，属高蛋白、低脂肪、中淀粉的药食同源作物，是人们理想的营养保健食品，有"济世之食谷"之说，同时又是较好的出口创汇作物。我国是世界上最大的绿豆种植国，常年播种面积约为80万～90万公顷；还是世界上最大的绿豆出口国，年出口量在20万吨左右，其中陕西榆林绿豆、吉林白城鹦哥绿豆和张家口鹦哥绿豆出口量较大。近年来，随着农业种植结构的调整和国内外市场上绿豆需求量的逐年增加，绿豆种植面积也在不断扩大。

二、绿豆的营养及功能

绿豆食用价值高且营养十分丰富。每100克绿豆约含蛋白质

22.1 克（比禾谷类作物高 1～3 倍），蛋白质主要为球蛋白类，且氨基酸种类齐全、配比均衡，其富含蛋氨酸、色氨酸、赖氨酸、亮氨酸、苏氨酸，其中以苯丙氨酸和赖氨酸的含量最高。每 100 克绿豆中约含有脂肪 0.8 克，碳水化合物 59 克，钙 49 毫克，磷 268 毫克，铁 3.2 毫克，胡萝卜素 0.22 克，硫胺素 0.53 毫克，核黄素 0.12 毫克，尼克酸 1.8 毫克。绿豆芽中也含有丰富的蛋白质、矿物质及多种维生素。每 100 克豆芽干物质中含有蛋白质 27～35 克，含有必需氨基酸 0.3～2.1 克；钾 981.7～1228.1 毫克，磷 450 毫克，铁 5.5～6.4 毫克，锌 5.9 毫克，锰 1.28 毫克，硒 0.04 毫克，维生素 C 18～23 毫克。绿豆外用可治疗创伤、烧伤、疮疖、痈疽等症。

绿豆含有多种活性物质，如黄酮类化合物、多糖、多肽、香豆素、生物碱等。这些功能活性成分具有解毒、改善肠道菌群、润肠通便、降血脂、抗氧化、抗肿瘤、抗菌、提高免疫力等功效。《本草纲目》《草本经》等都较为详细地讲述了绿豆的药用价值，绿豆不仅可以防暑降热，还能解除草木、金石、砒霜及疮病热毒，而且对肠胃等脏器有保健作用。长期食用绿豆不仅对身体无任何不良影响，反而因其中含有丰富的钙、磷、铁等矿物质更有益于儿童的生长，也能防止老年性疾病的发生。绿豆现已被研制为临床保健品，可以应用于肺和大肠术后、肾和膀胱术后、脾胃空肠术后。

绿豆含丰富的维生素 A、B 族维生素、维生素 C，有降血压的作用，同时对疲劳、肿胀、小便不畅有很好的功效。绿豆粉可以治疗疮肿烫伤，绿豆皮可以明目，绿豆芽还可以解酒。夏季常喝绿豆汤，不仅能增加营养，还对肾炎、糖尿病、高血压、动脉硬化、肠胃炎、咽喉炎及视力减退等病症有一定的疗效。

三、工业化绿豆加工产品

目前,国内占主流的研究是对绿豆淀粉的基础性研究,如在高压均质、碾轧等条件下对绿豆淀粉的机械力化学效应的研究,在不同储藏条件下对绿豆淀粉含量及糊化特性的影响的研究。在食品工业生产中,绿豆淀粉多作为粉丝、绿豆糕等传统食品的主要原料,作为食品被膜剂用于降低食品表面的脆性。

绿豆淀粉具有很好的加工适应性,可作为绿豆粉丝、绿豆凉粉及绿豆饴等传统食品的加工原料,但其存在低温条件下不易溶于水、糊液在加热条件下不稳定以及抗剪切性能不良等问题,因此,制约了绿豆淀粉在食品工业中的应用。挤压技术是在高温、高压以及高剪切力的作用下对食品进行瞬时加工的一项高新食品加工技术绿豆变性淀粉即为,绿豆淀粉经过挤压技术处理,颗粒发生融化、裂解、分子间氢键断裂、晶体构型消失等制得的。绿豆淀粉的结构发生变化后,性质也随之发生改变,绿豆变性淀粉具有冷水速溶性、一定的吸水性和保水性,能够形成高黏度的淀粉糊,并且具有良好的冷冻稳定性,更能适应现代食品工业的需要。

1. 绿豆饼干

绿豆饼干是在传统工艺配方的基础上加入绿豆粉制作出的新型饼干类制品。绿豆饼干的最佳配方为以低筋小麦粉100%(500克)为基准,单甘酯添加量0.4%,鸡蛋添加量5%,食盐添加量0.5%,绿豆粉添加量15%,油脂添加量25%,绵白糖添加量25%,小苏打添加量0.4%。在此优化工艺条件下,绿豆饼干感官评分为92,制得的绿豆饼干形态完整,色泽均匀,口感松脆,不黏牙,断面结构有层次,有绿豆特有的芳香气味。将绿豆用于饼干的生产中,既赋予了产品特殊的营养成分,又提高了产品营养价值,也拓宽了绿豆的应用领域,对延长绿豆产业链具有积极的促进作用。

2. 绿豆沙饮料

目前,市场上绿豆饮料的品种丰富,而绿豆沙往往作为冰点或糕点出现。以市售绿豆为原料,将绿豆密封蒸煮后打浆,提高了绿豆沙饮料的沙口感,再加入木糖醇、全脂乳粉、稳定剂、香精,可以配制出一款口感香气俱佳、稳定性好的防暑绿豆沙饮品。该饮品不仅有利于实现营养均衡,而且对高血压、高血脂、糖尿病有一定的防治作用,具有广阔的市场前景。

四、国内外特色绿豆食品

(一)我国地方特色绿豆食品

绿豆味甘,性凉,是我国中医常用来解多种食物或药物中毒的一味中药。绿豆具有清热解暑、利尿通淋、解毒消肿之功效,适用于热病烦渴、疮痈肿毒及各种中毒等,为夏日解暑除烦、清热生津之佳品。经常在有毒环境下工作或接触有毒物质的人,也可常食绿豆来解毒保健。此外,绿豆中的钙、磷等微量元素可以补充营养,增强体力。

1. 绿豆糕

传说很久以前,在一个兵荒马乱,民不聊生的时代,有一个叫李壮的山东人,他有一位年轻美丽、聪明大方的妻子。两个人一起到外地去谋生,当他们一起来到山西盐池的时候,找了一份挖盐的工作。李壮是一个非常勤快的人,他每天早出晚归,为了生活艰苦奋斗着。经过长期的体力劳动,李壮每天回家都是筋疲力尽的。妻子见状十分心疼,于是就将绿豆磨成粉末做成绿豆糕,用来给丈夫补充营养。

关于绿豆糕的另一个传说是在端午节的时候,瘴疠之气非常旺盛,而绿豆是具有清热解毒功效的食物,所以人们就会在端午节的时候吃绿豆糕,就能够避免被瘴疠之气侵袭。而在李时珍所著的《本草纲目》中也记载着:"绿豆磨之为面,澄滤取粉,作饵炖糕……有解诸热,补益气,调五脏,安精神,厚肠胃之功。"

绿豆糕(图8-1)是我国传统特色糕点之一,属消暑小食。相传我国古代先民,为寻求平安健康,端午节时会食用粽子、雄黄酒、绿豆糕、咸鸭蛋这些食物。绿豆糕按口味有南、北之分,"北"即为京式,制作时不加任何油脂,入口虽松软,但无油润感;"南"包括苏式和扬式,制作时需添加油脂,口感松软、细腻。

图8-1 绿豆糕

绿豆糕的主要原料是煮熟的绿豆粉、蒸熟的山芋粉(或小麦粉、豌豆粉)、植物油(芝麻油)、熟猪油、绵白糖、糖玫瑰花、黑枣肉、桂花糖等。制作方法多样。下面分别简单介绍京式和苏式绿豆糕的制作方法。

京式绿豆糕:绿豆粉13千克,绵白糖或白糖粉11.7千克,糖桂花0.25千克。将糖粉放入和面机里,加入用少许水稀释的糖桂花后搅拌,再投入绿豆粉,搅拌均匀,过80目筛,即成糕粉。在蒸屉上铺好纸,将糕粉平铺在蒸屉里,用平板轻轻地推平表面,约1厘米厚,再筛上一层糕粉,用一张比蒸屉略大一点的光纸盖好糕粉,用糕镜(即铜镜、铜捺)压光.取下光纸,轻轻扫去屉框边上的浮粉,用刀切成

4厘米×4厘米的正方形。将装好糕粉的蒸屉四角垫起,依次叠起,放入特制的蒸锅内封严,把水烧开(不宜过开,以免糕色变红),蒸15分钟后取出,在每小块制品顶面的中间,用适当稀释溶化的食用红色素液打一点红;然后将每屉分别平扣在操作台上,冷却后即成。

苏式绿豆糕:取绿豆粉8.25千克,绵白糖8千克,麻油5.75千克,面粉1千克,豆沙3千克。将绿豆粉、面粉置于台板上,把糖放入中间并加入一半麻油搅匀,再调入豆粉和面粉,搓揉均匀,即成糕粉;预备花形或正方形木质模型供制坯用,糕粉放入模中约一半时放入豆沙作为馅心,再用糕粉盖满压实,刮平;入笼隔水蒸10～15分钟,待糕边缘发松且不粘手即好;蒸熟冷却后在糕面刷一层麻油即成。

2. 百合绿豆汤

百合绿豆汤(图8-2)的制作方法是将干百合、绿豆提前一天浸泡;将泡好的百合洗干净,将百合和绿豆倒入锅中,加入冰糖、适量水,炖煮至绿豆开花即可。

图8-2　百合绿豆汤

3. 冬瓜绿豆老鸭汤

冬瓜绿豆老鸭汤(图 8-3)的制作方法是将老鸭斩件洗净,焯水,再次洗净;冬瓜洗净、去核、切片;把鸭、姜片、绿豆、陈皮一起放进瓦煲或汤锅里,加水,盖过鸭面;大火烧开,把浮起来的白泡、鸭油、血水等杂质撇干净;调至小火,煲 1.5 小时后,把冬瓜放进煲里,开大火,水开时捞走鸭油,再煲 1.5 小时加盐调味即可。

图 8-3 冬瓜绿豆老鸭汤

(二)国外特色绿豆食品

越南绿豆糕

越南绿豆糕(图 8-4)是越南传统糕点,上等的越南绿豆糕出产于离海防不远的海阳(地名),知名品牌有黄龙牌等。越南的绿豆糕选用上等绿豆,磨成十分细腻的粉末,再配以精白糖和油脂,吃起来酥软香甜。

图 8-4　越南绿豆糕

第九章　芸豆

一、种植起源和种植产地

芸豆(*Phaseolus vulgaris*)，又名菜豆，蝶形花亚科菜豆属，是一种可食用的豆科植物，原产于美洲的墨西哥和阿根廷。16 世纪末，我国开始引种栽培芸豆。芸豆属于小宗粮豆作物，含有丰富的蛋白质、脂肪、碳水化合物、膳食纤维等营养成分。

国际粮农组织统计，世界上有近 100 多个国家和地区种植芸豆，种植面积非常广泛。主要的种植国为中国、美国、俄罗斯、印度、波兰等国家，其中俄罗斯的种植面积最广，约占全球种植面积的 1/3。排在第二的是中国，种植面积约占世界种植面积的 1/5。

芸豆是各国栽种面积仅次于大豆的第二大豆类食用作物，有普通菜豆和多花菜豆两种。我国是芸豆的主要生产国，也是芸豆的主要出口国。

二、芸豆的营养及功能

芸豆营养丰富，100 克芸豆约含蛋白质 23.1 克，芸豆蛋白含有 9 种必需氨基酸(包括组氨酸)，属于全价蛋白质。此外 100 克芸豆中约含脂肪 1.3 克、碳水化合物 56.9 克、胡萝卜素 0.24 毫克、钙 160 毫克、磷 410 毫克、铁 7.3 毫克及丰富的 B 族维生素,鲜豆还含丰富的维生素 C。芸豆不仅富含蛋白质及钙、铁等多种微量元素,还有高钾、高镁、低钠的特点,特别适合心脏病患者和患有肾病、高血压等需低钠及高钾饮食者食用。除常见营养之外,芸豆还含有皂苷、尿素酶和多种球蛋白等独特成分。吃时注意必须煮熟、煮透,否则会引起中毒。

我国古代医籍记载,芸豆味甘平,具有温中下气、利肠胃、止呃逆、益肾补元等功用,是一种滋补食疗佳品。芸豆还有镇静作用,对治疗虚寒呃逆、胃寒呕吐、跌打损伤、喘息咳嗽、腰痛、神经痛等疾病均有一定疗效。流行病学研究表明,经常食用芸豆可降低一些慢性疾病的发病率,如心脑血管疾病、2 型糖尿病和肥胖等;芸豆中的皂苷、尿素酶和多种球蛋白等,可提高人体自身的免疫能力,增强抗病能力,激活淋巴 T 细胞,促进脱氧核糖核酸的合成等,对肿瘤细胞的发展有抑制作用;芸豆也是膳食纤维和抗性淀粉的丰富来源,具有减肥、平衡血糖水平和促进肠道健康等功能。

三、工业化芸豆加工产品

芸豆常作为豆荚或种子被广泛食用,尤其是在亚洲国家。同时,芸豆也作为添加组分加入各种各样的食品中,如焙烤食品、沙拉和罐装食品。芸豆籽粒富含蛋白质,是应用在食品工业中蛋白质含量最丰富的食物之一。

目前国内开发出一种含白芸豆精华素的产品,能抑制 α 淀粉酶的作用,阻断淀粉分解,减少葡萄糖吸收,从而起到抑制餐后血糖升高,减少胰岛素分泌,降低脂肪合成等作用,可以有效配合糖尿病人和减肥者的饮食治疗。芸豆还是一种高钾低钠食品,很适合于心脏病、动脉硬化、高血脂和忌盐患者食用。现代医学分析,芸豆粒含有血球凝集素等多种球蛋白。

芸豆蛋白添加到肉制品中,可使肉制品保持鲜嫩多汁,促进脂肪、水的吸收,在香肠加工中还起着定形和增加香肠肉质感的作用。在香肠中加入 2%～3% 的芸豆蛋白,香肠切面坚实、口感鲜嫩、香而不腻、富有色泽,同时香肠的得率也十分可观,香肠的品质较好。

采用乳酸菌对红芸豆、大豆进行发酵,利用发酵豆类过滤后的发酵液研制发酵饮料,复合发酵液和脱脂牛乳的混合极大改善了发酵豆类饮料的营养价值,同时带来了独特口感。

四、我国地方特色芸豆食品

芸豆粒大饱满、质地细腻,富含沙性,食法多样,可煮可炖,作豆馅、豆沙,做汤菜、烧肉、制罐头或冷饮、糕点、甜食小吃等均相宜。

1.芸豆糕

芸豆糕(图 9-1)是老北京地区民间传统名点。传闻是慈禧太后时流传到宫里,也就成了著名的宫廷小吃,与豌豆黄齐名。老北京民间的芸豆糕,据说通常是由小贩背一圆木桶售卖。圆木桶蒙上白布,内装芸豆泥和红豆沙或山楂糕,有人来买时用芸豆泥包裹上红豆沙或山楂糕揉成团,逐个摁在月饼模子里,磕出后即可食用。芸豆糕色泽雪白,质地柔软,吃在嘴里香甜爽口,软而不腻。

芸豆糕的制作方法是将红、白芸豆泡水后剥去外皮,煮 40 分钟到 1 小时至芸豆熟透。捞出煮熟的芸豆,沥干水分,过筛或用搅拌机打成细腻的芸豆泥,根据口味加些糖拌匀;把芸豆包裹上红豆沙或山楂糕,按入圆形的模子中,按压成形后食用。

图 9-1　芸豆糕

2.芸豆卷儿

　　芸豆卷儿是与芸豆糕齐名的另外一种食品,其做法与芸豆糕类似。所不同的地方是成型部分:芸豆泥做好后,打开寿司帘,上面铺一层保鲜膜,取芸豆泥涂在保鲜膜上,尽量涂匀,压成一个大薄片;然后将红豆沙泥铺在上面,涂抹均匀;从寿司帘一边慢慢卷起,直到卷成一个圆柱形,卷实后,打开寿司帘,取下保鲜膜,切块即可食用。

第十章　豌豆

一、种植起源和种植产地

豌豆（*Pisumsativum L.*），又名麦豌豆、麦豆、寒豆、荷兰豆,豆科豌豆属的一年或越年生草本植物。豌豆喜冷凉湿润气候,具有耐寒、耐旱、耐瘠等特点,有很强的适应性,种植区域分布广泛,在我国已有2 000多年的栽培历史。随着人们生活水平的不断提高,豌豆的市场需求越发多样化,开发一批满足不同人群需求的豌豆产品是目前推动产业发展的必经之路。

豌豆在全世界90多个国家种植,是世界第三大豆类作物,也是重要的填闲养地作物和食品原料之一。在我国,豌豆有悠久的种植历史,作为蔬菜、粮食和饲料等原料广泛栽植于全国各地。据联合国粮农组织(FAO)统计,2013年我国豌豆干籽粒产量138万吨,居世界第2位,仅次于加拿大。此外,我国是世界上鲜食豌豆生产第一大国。

二、豌豆的营养及功能

豌豆中的营养较为全面均衡,碳水化合物约占60%,是主要的能量来源,而豌豆蛋白含量次之,含有8种人体必需氨基酸,其中赖氨酸含量高,含硫氨基酸较低,豌豆蛋白的生物价为48%～64%,功效

比为 0.6～1.2,高于大豆而低于玉米、水稻、小麦、花生。豌豆中含有丰富的硫胺素、核黄素、尼克酸、维生素 C,同时又是优质钾、铁、磷等矿物质营养源。除了这些营养成分外,豌豆还含有膳食纤维、胰蛋白酶抑制剂、酚类化合物、植物凝集素等功效成分。

豌豆有补中益气、利小便的功效,是脱肛、慢性腹泻、子宫脱垂等中气不足症状的食疗佳品。《日用本草》中有豌豆"煮食下乳汁"的记载,因此哺乳期女性可多吃点豌豆增加奶量。此外,豌豆含有丰富的 β-胡萝卜素,食用后可在体内转化为维生素 A,有润肤的作用,皮肤干燥者可以多吃。但豌豆吃多了容易腹胀,消化不良者不宜大量食用。

三、工业化豌豆加工产品

在面制品中,加入适量的豌豆膳食纤维可以增加面团持水力、延缓面包老化,减少面食的蒸煮损失率;在酥性饼干中加入豌豆膳食纤维既可改善酥性饼干的质构特性和感官品质,又可增加饼干的保健功能。

在肉制品中,将适量的豌豆膳食纤维加入到牛肉、鸡肉等肉制品中可以取代部分肉和脂肪,从而改善其营养特性和烹饪性能,在不影响其感官接受度的同时降低生产成本。经中性蛋白酶和碱性蛋白酶酶解得到的豌豆肽其乳化性和起泡性均有显著提高,添加到肉糜中可以降低其蒸煮损失率,增加其黏聚性、弹性和咀嚼性。

豌豆中含有的膳食纤维、蛋白酶抑制剂、酚类化合物、植物凝集素等功效成分,具有抗菌、抗糖尿病、抗炎、抗高胆固醇血症、抗癌和抗氧化活性的生理功能,不仅可用于开发辅助降血糖、降血压功能食品,还可以用来生产天然抑菌剂、天然抗氧化剂。

豌豆与小麦粉复配还可以制作豌豆面条、豌豆蛋白饼干等,豌豆淀粉是粉丝的主要原料。

四、我国地方特色豌豆食品

1. 豌豆黄

豌豆黄(图10-1)的来历据说与慈禧有关。一天慈禧正坐在北海静心斋歇凉,忽听大街上传来铜锣的敲打声和吆喝声,她心里纳闷,忙问是干什么的,当值太监回禀是卖豌豆黄的。慈禧一时高兴,传令将此人叫进园来。来人见了老佛爷急忙跪下,并双手捧着豌豆黄,敬请老佛爷赏光品尝。慈禧尝罢,赞不绝口,并把此人留在宫中,专门为她做豌豆黄。

豌豆黄,也称为豌豆黄儿,是北京传统小吃,也是北京春季的一种应时佳品。宫里的豌豆黄,由御膳房进行了改进,用上等白豌豆为

图10-1 豌豆黄

原料做成,因慈禧喜食而出名,俗称细豌豆黄儿,与芸豆糕、小窝头等同称宫廷小吃。民间的糙豌豆黄儿是典型的春令食品,常见于春季庙会上。

豌豆黄的制作方法是豌豆洗净、沥干,加入小苏打拌匀,用水浸泡,静置5～6小时,水平面以没过豌豆3厘米为宜;5～6小时后,倒掉苏打水,用清水漂洗4～5次,沥干后放入锅中,加水煮开,水量以没过豌豆4～5厘米为宜。水开后撇掉浮起的泡沫;然后调成中火,继续煮至大部分豌豆开花酥烂;搅拌已经酥软的豌豆(汤),尽量使豌豆破碎;用过滤网把豌豆糊过滤一遍,使豌豆变成细腻、浓稠的糊状;在豌豆糊中加入砂糖拌匀后,放回火上继续加热,用文火熬到浓稠,豌豆糊成半固体状而不是液体状即可离火;倒入模具中,将表面刮平,放置于室温中待温度稍微降低、不烫手,即可放入冰箱冷藏;冷藏超过4小时,可以取出脱模,切块后即可食用。

2. 豌豆凉粉

豌豆凉粉(图10-2)与其他谷物淀粉制作的凉粉一样,是民间一道美味可口的名点,主要材料有豌豆淀粉、绿豆淀粉等。属于川菜系,云南和贵州也经常食用。

豌豆凉粉的制作方法是将豌豆淀粉与水按1∶0.5的比例调成糊状,锅中烧水(约6倍于豌豆糊的水),待水微沸至90℃左右时,将豌豆糊倒入微沸的水中,中小火,一直搅拌,避免粘锅;待豌豆糊变成透明色并沸腾时即可关火;将透明的豌豆糊倒入碗中,静止,放凉;冷藏几个小时后扣取出,切成条,配上做好的调味汁即可食用。

图 10-2 豌豆凉粉

3. 撒饭

撒饭(图 10-3)是青海省河湟地区的民间风味小吃,也是农村的家常便饭。撒饭的制作主料一般是豌豆,也可掺入莜麦面,其制作方法与搅团相似,只是比搅团稀得多。

图 10-3 撒饭

 # 第十一章　红豆

一、种植起源和种植产地

　　红豆（*Phaseout angularis*）又称赤小豆,别称赤豆、红小豆、小豆、四季豆等,属于被子植物门双子叶植物纲菜豆族豇豆属。中国是红豆的起源地,有近 2 000 年的栽培历史。我国红豆种植区主要分布于东北、华北和华南地区。红豆具有十分重要的药用和食疗价值,其主要营养成分是可溶性糖、粗蛋白、粗脂肪、无机矿质元素和水。据统计,红豆中蛋白质含量比禾、谷类作物蛋白质含量高且氨基酸种类丰富,脂肪水平低、膳食纤维含量高、维生素和矿质元素齐全。红豆和绿豆相似,有很多生物活性成分,例如皂苷、植醇、多酚、单宁、色素、矿质元素等物质。

二、红豆的营养及功能

　　红豆含有较高的蛋白质和碳水化合物,而脂肪的含量相对较低,它属于一种高蛋白低脂肪的保健食品。红豆中蛋白质含量为 17.5%～23.3%,其中所含有的人体必需氨基酸赖氨酸较多;红豆中的脂肪含量在 5%左右,富含有人体必需的不饱和脂肪酸之一的亚油酸;红豆中的淀粉含量约 60%,同时还含有多种维生素和矿物质,如

B 族维生素、维生素 A、胡萝卜素、铁元素、钾元素等。

红豆还具有较高的药用价值，能够发挥积极的保健作用，具有清热解毒、健脾益胃、利尿消肿的功效。《本草纲目》有红豆食疗功能的记载："律津液、利小便、消肿、止吐"，能"解酒毒，除寒热痈肿，排脓散血，而通乳汁"。李时珍把红豆称作"心之谷"，强调了红豆的养心功效。红豆既能清心火，也能补心血。其富含粗纤维，临床上有降血脂、降血压、改善心脏活动功能等功效。同时红豆富含铁质，能行气补血，非常适合冬季食用，常吃能让冬天手脚不再寒冷。红豆与冬瓜同煮后的汤汁是全身水肿的食疗佳品；红豆与扁豆、薏苡仁同煮，可治疗腹泻；红豆配连翘和当归煎汤，可治疗肝脓肿；红豆配以蒲公英、甘草煎汤，可治疗肠痈等。

（一）利尿消肿通便的功效

红豆中含有较多的可对肠道有刺激作用的皂角苷。皂角苷有利尿的功效，可以达到解毒、解酒、消热的作用，有利于心脏病和肾病的治疗，具有消减水肿的作用；红豆中含有较多的膳食纤维，具有降低血压血脂、调节血糖的平衡、抗癌、解毒、润肠通便、预防结石等作用。

（二）抗衰老，防早衰

研究表明，红豆中黄酮类化合物、硫胺素、核黄素、烟酸等具有生物活性的物质，对机体内有害物质和自由基的清除有良好的促进作用，因此可以作为一种天然的抗氧化剂使用。同时它对延缓衰老、抗肿瘤，防治肿瘤类疾病和心脑血管疾病等方面具有重要作用。

（三）防治心血管疾病

红豆中含有不饱和脂肪酸（亚油酸）、维生素和较多的膳食纤维。

其中,亚油酸能促进人体内胆固醇分解成胆汁酸排出体外,预防胆固醇在体内聚积,对减少人体胆固醇的含量有良好功效,而且红豆也能达到促进肌肤红润、有光泽的功效。此外,红豆所含的维生素,主要是 B 族维生素和膳食纤维等物质对于心脏的防护有良好的作用。

(四)抑菌杀菌,解毒作用

据现代医学研究证明,红豆对于一些微生物,如伤寒杆菌、双歧杆菌、金黄色葡萄球菌等有明显的抑菌甚至杀菌作用。

三、工业化红豆加工产品

我国北方地区,红豆主要被用于生产红豆粒馅、红豆沙等。红豆粒馅一般用于糕点、面包、甜品的配料。近年来,市面上还出现许多红豆饮料产品,以红豆作为饮料的辅助材料,颇受欢迎,如红豆果汁乳饮料、红豆咖啡复合饮料、红豆保健饮料等。红豆除了用于制作饮料、馅类之外,还可以用于开发方便食品,如即食红豆渣、红豆代餐粉、红豆类的软糖等。但是总体来看,目前红豆类产品较为单一,但其营养高,功能活性丰富,日后必有很好的发展前景。

四、我国地方特色红豆食品

我国民间红豆主要是直接食用,或制作传统食品红豆沙、红豆糕、八宝粥等。

1. 红豆沙

红豆沙(图 11-1)是我国及亚洲各国常见的甜品之一,主要材料是红豆和糖。

图 11-1 红豆沙

红豆沙的制作方法是先在锅中放 4 杯水,和红豆一起用中火煮,煮沸后再加 1/2 杯水继续煮,等它第二次沸腾后,捞出红豆放在竹篓上沥干;将红豆再次倒回锅中,以小火将红豆煮烂,期间水煮干时必须继续加水至将红豆煮软为止;煮软后,取出红豆放入筛网上,以木杓一面压碎一面过滤;把过滤的红豆放入布袋中,再加一点水,用力拧干;锅中放 1/4 杯水、砂糖及沙律油一起煮,等糖完全溶解后,加入 1/3 过滤的红豆,以小火慢慢煮。过一段时间后,再加入 1/3 过滤的红豆,小火继续煮;最后把剩余的 1/3 过滤的红豆全部倒入锅中,一面煮一面用木杓不停搅拌;煮好的豆沙分成鸡蛋一般大的小团,放在容器中,冷却后即可食用。砂糖的量,可依各人爱好增减。

2. 红豆糕

红豆糕(图 11-2)是江南地区传统特色点心。

红豆糕的制作方法是将红豆洗干净后浸泡 2 个小时,捞出红豆

放入锅内先大火煮开,再改用小火煮至红豆开花;趁热加入冰糖、油继续小火煮,然后倒入事先溶解好的荸荠粉,边搅拌边小火慢煮至稠;将煮好的红豆倒入盆内,旺火隔水蒸 30 分钟,冷却后放入冰箱冷藏,可随时享用。

图 11-2　红豆糕

参 考 文 献

柴岩,冯佰利,孙世贤.中国小杂粮品种[M].北京:中国农业科学技术出版社,2007:20-25.

陈新,程须珍,崔晓艳.绿豆、红豆与黑豆生产配套技术手册[M].北京:中国农业出版社,2012:1-3.

邓鹏,张婷婷,王勇,等.青稞的营养功能及加工应用的研究进展[J].中国食物与营养,2020,26(2):46-51.

董吉林,朱莹莹,李林,等.燕麦膳食纤维对食源性肥胖小鼠降脂减肥作用研究[J].中国粮油学报,2015,30(9):24-29.

何宇纳,赵丽云,于冬梅,等.中国成年居民粗杂粮摄入状况[J].营养学报,2016,38(2):115-118.

洪佳敏,林宝妹,张帅,等.6种杂粮营养成分分析及评价[J].食品安全质量检测学报,2019,10(18):6254-6260.

黄士礼,江文章.薏苡籽实各部位之组成分及其丙酮萃取液之抗突变作用[J],食品科学,1999,26:121-130.

李素芬,刘建福.豌豆纤维对面团质构及酥性饼干品质的影响[J].食品工业科技,2015,36(14):47.

梁丽雅,闫师杰.红小豆的加工利用现状[J].粮油加工与食品机械,2004(3):68-69.

林汝法,柴岩,廖琴,等.中国小杂粮[M].北京:中国农业科学技术出版社,2005:317-319.

刘小娇,王姗姗,白婷,等.青稞营养及其制品研究进展[J].粮食与食品工业,2019,26(1):43-47.

栾海.世界杂豆类的起源与分布及其品种资源的研究概况[J].黑龙江

农业科学,1988(5):29-34.

马文鹏,任海伟.芸豆蛋白提取及其营养价值评价[J].食品科技,2013(1):75-79.

牛西午,刘作易.中国杂粮研究[M].北京:中国农业科学技术出版社,2007:306-308.

申迎宾.四种谷物多酚抗氧化、降血脂作用评价研究[D].无锡:江南大学,2016.

H.H 瓦维洛.主要栽培植物的世界起源中心[M].董玉琛,译.北京:农业出版社,1982.

王红育,李颖.高粱营养价值及资源的开发利用[J].食品研究与开发,2006,27(2):91-93.

王鹏,国良.常见食用豆类营养特点及功能特性[J].食品研究与开发,2009(12):171-174.

王倩倩,李明泽,陆红佳,等.不同加工方式对青稞降脂益肠功效的影响[J].食品科学,2014,35(13):276-280.

吴峰,胡志超,张会娟,等.我国杂粮加工现状与发展思考[J].中国农机化学报,2013,3:4-7.

徐玖亮,温馨,刁现民,等.我国主要谷类杂粮的营养价值及保健功能[J].粮食与饲料工业,2021(1):27-35.

杨晓东.现代营养学对我国杂粮产业经济发展的影响[J].食品安全质量检测学报,2020,11(24):9463-9470.

杨月欣,王光亚.中国食物成分表 2002[M].北京:北京医科大学出版社,2002.

于章龙,段欣,武晓娟,等.赤小豆功能特性及产品开发研究现状[J].食品工业科技,2011(1):360-362.

张来林,蔡晓宁,陶琳岩,等.不同储藏条件对绿豆淀粉含量及糊化特性的影响[J].河南工业大学学报(自然科学版),2016,37(5):39-45.

张乾元,韩冬,李铎.黄豌豆营养成分和功能研究进展[J].食品科技,2012,37(6):141-144.

张姚瑶,邓源喜,董晓雪,等.红豆营养保健价值及在饮料工业中的应用进展[J].安徽农学通报,2017,23(12):153-156.

郑俊.燕麦、青稞营养组分、蛋白和多酚理化性质分析及加工方式对燕麦粉品质影响研究[D].南昌:南昌大学,2016.

Afshin A,Sur P J,Fay K A,et al. Health effects of dietary risks in 195 countries, 1990-2017: a systematic analysis for the global burden of disease study 2017[J]. The Lancet, 2019, 393(10184): 1958-1972.

Aune D,Keum N N,Giovannucci E, et al. Whole grain consumption and risk of cardiovascular disease, cancer, and all cause and cause specific mortality: systematic review and dose-response meta-analysis of prospective studies[J]. BMJ, 2016: 353.

Beck E J,Tapsell L C,Batterham M J, et al. Increases in peptide Y-Y levels following oat β-glucan ingestion are dose-dependent in overweight adults[J]. Nutrition Research, 2009, 29(10): 705-709.

Cayalvizhi B,Nagarajan P,Raveeendran M, et al. Unraveling the responses of mungbean (*Vigna radiata*) to mungbean yellow mosaic virus through 2D-protein expression [J]. Physiological and Molecular Plant Pathology,2015(90): 65-77.

Chang H C,Huang Y C,Hung W C,Antiproliferative and chemopreventive effects of adlay seed on lung cancer in vitro and in vivo[J]. Journal of Agricultural and Food Chemistry, 2003, 51(12): 3656-3660.

Chillo S,Ranawana D V,Pratt M, et al. Glycemic response and glycemic index of semolina spaghetti enriched with barley beta-glucan[J]. Nutrition, 2011, 27(6): 653-658.

Dueñas M.,Martínez-Villaluenga C.,Limón R I, et al. Effect of germination and elicitation on phenolic composition and bioactivity of kidney beans [J]. Food Research International, 2015, 70: 55-63.

Du M,Xie J,Gong B,et al. Extraction,physicochemical characteristics and functional properties of mung bean protein [J]. Food Hydrocolloid,2017,76(1): 131-140.

Ebert A W,Chang C H,Yan M R,et al. Nutritional composition of mung bean and soybean sprouts compared to their adult growth stage [J]. Food Chemistry,2017(237): 15-22.

Han L, Meng M, Guo M, et al. Immunomodulatory activity of a water-soluble polysaccharide obtained from highland barley on immunosuppressive mice models[J]. Food & Function, 2019, 10(1): 304-314.

Huang D W,Wu C H,Shih C K,et al. Application of the solvent extraction technique to investigation of the anti-inflammatory activity of adlay bran[J]. Food Chemistry,2014,145:445-453.

Ji Y, Ma N, Zhang J, et al. Dietary intake of mixture coarse cereals prevents obesity by altering the gut microbiota in high-fat diet fed mice[J]. Food and Chemical Toxicology, 2021, 147: 111901.

Kim S O, Yun S J, Lee E H. The water extract of adlay seed (*Coix lachrymajobi var. mayuen*) exhibits anti-obesity effects through neuroendocrine modulation [J]. The American journal of Chinese Medicine, 2007, 35(2): 297-308.

Li S C,Chen C M,Lin S H,et al. Effects of adlay bran and its ethanolic extract and residue on preneoplastic lesions of the colon in rats[J]. Journal of the Science of Food and Agriculture,2011,91(3):547-552.

Muneer F, Johansson E, Hedenqvist M S, et al. The impact of newly produced protein and dietary fiber rich fractions of yellow pea (*Pisum sativum L.*) on the structure and mechanical properties of pasta-like sheets[J]. Food Research International, 2018, 106:607-618.

Nciri N. , Cho N, Bergaoui N, et al. Effect of white kidney beans (*Phaseolus vulgaris* L. var. Beldia) on small intestine morphology and function in Wistar rats [J]. Journal of Medicinal Food, 2015, 18(12): 1387-1399.

Panahi S, Ezatagha A, Jovanovski E, et al. Glycemic effect of oat and barley beta-glucan when incorporated into a snack bar: a dose escalation study[J]. Journal of the American College Nutrition, 2014, 33 (6): 442-449.

Roth G A, Johnson C, Abajobir A, et al. Global, Regional, and national burden of cardiovascular diseases for 10 Causes, 1990 to 2015[J]. Journal of the American College of Cardiology, 2017, 70 (1): 1-25.

Samuel B S, Shaito A, Motoike T, et al. Effects of the gut microbiota on host adiposity are modulated by the short-chain fatty-acid binding G protein-coupled receptor, Gpr41[J]. Proceedings of the National Academy of Sciences of the United States of America, 2008, 105(43): 16767-16772.

Thompson S V, Winham D M, Hutchins A M. Bean and rice meals reduce postprandial glycemic response in adults with type 2 diabetes: a cross-over study[J]. Nutrition Journal, 2012, 11(1): 23-29.

Tosh S M, Yada S. Dietary fibres in pulse seeds and fractions: characterization, functional attributes, and applications[J]. Food Research International, 2010, 43(2): 450-460.

Trompette A. , Gollwitzer E. S. , Yadava K. , et al. Gut microbiota metabolism of dietary fiber influences allergic airway disease and hematopoiesis [J]. Nature Medicine, 2014, 20(2): 159-166.

Vitaglione P, Lumaga R B, Stanzione A, et al. β-Glucan-enriched bread reduces energy intake and modifies plasma ghrelin and peptide YY concentrations in the short term[J]. Appetite, 2009, 53(3):

338-344.

Wang F, Yu G, Zhang Y, et al. Dipeptidyl peptidase IV inhibitory peptides derived from oat (*Avena sativa* L.), buckwheat (*Fagopyrum esculentum*), and highland barley (*Hordeum vulgare trifurcatum* (L.) Trofim) proteins[J]. Journal of Agricultural and Food Chemistry, 2015, 63(43): 9543-9549.

Wang Q, Du Z, Zhang H, et al. Modulation of gut microbiota by polyphenols from adlay (*Coix lacryma-jobi* L. var. *ma-yuen* Stapf.) in rats fed a high-cholesterol diet [J]. International Journal of Food Sciences and Nutrition, 2015, 66(7): 783-789.

Wolever T M S, Tosh S M, Spruill S E, et al. Increasing oat β-glucan viscosity in a breakfast meal slows gastric emptying and reduces glycemic and insulinemic responses but has no effect on appetite, food intake, or plasma ghrelin and PYY responses in healthy humans: a randomized, placebo-controlled, crossover trial[J]. The American Journal of Clinical Nutrition, 2019, 111(2): 319-328.

Xia X, Li G, Xing Y, et al. Antioxidant activity of whole grain highland hull-less barley and its effect on liver protein expression profiles in rats fed with high-fat diets[J]. European Journal of Nutrition, 2018, 57(6): 2201-2208.

Yao Y, Gao Y, et al. Effect of ultrasonic treatment on immunological activities of polysaccharides from adlay[J]. International Journal of Biological Macromolecules, 2015, 80: 246-252.

Yao Z D, Cao Y N, Peng L X, et al. Coarse cereals and legume grains exert beneficial effects through their interaction with gut microbiota: a review[J]. Journal of Agricultural and Food Chemistry, 2020, 69(3): 861-877.

Zhang P, Hu X, Zhen H, et al. Oat β-glucan increased ATPases activity and energy charge in small intestine of rats[J]. Journal of

Agricultural and Food Chemistry，2012，60(39)：9822-9827.

Zheng J，Shen N，Wang S，et al. Oat beta-glucan ameliorates insulin resistance in mice fed on high-fat and high-fructose diet[J]. Food & Nutrition Research，2013，57：22754.